中高职衔接贯通培养计算机类系列教材

# Photoshop
# 图像处理高级应用

翟秋菊　宋文峰　主编

李志川　副主编
薛永三　主审

化学工业出版社

·北京·

本书在内容选取上注重和职业岗位相结合，遵循职业能力培养基本规律，以项目为平台，以任务为载体，构建 Photoshop 图像处理课程体系，以设计为主，以实际操作技术和技巧为辅，设置了建筑效果图后期处理、装饰公司宣传单设计、标志制作、音乐播放器 UI 界面设计、书籍装帧设计、海报设计、特效字体效果的制作与设计及网页效果图制作八个项目内容。

　　本书适合广大 Photoshop 初学者以及中高职院校相关专业的学生，也适合有志于从事平面广告设计、包装设计、网页制作等工作人员使用，也适合各类培训班的学员参考阅读。

## 图书在版编目（CIP）数据

Photoshop 图像处理高级应用 / 翟秋菊，宋文峰主编. —北京：
化学工业出版社，2018.4（2025.2重印）
中高职衔接贯通培养计算机类系列教材
ISBN 978-7-122-31727-8

Ⅰ.①P…　Ⅱ.①翟…　②宋…　Ⅲ.①图象处理软件-
职业教育-教材　Ⅳ.①TP391.41

中国版本图书馆 CIP 数据核字（2018）第 046116 号

---

责任编辑：廉　静　　　　　　　　　　　文字编辑：张绪瑞
责任校对：王　静　　　　　　　　　　　装帧设计：刘丽华

---

出版发行：化学工业出版社（北京市东城区青年湖南街 13 号　邮政编码 100011）
印　　装：北京宝隆世纪印刷有限公司
787mm×1092mm　1/16　印张 14¾　字数 358 千字　　2025 年 2 月北京第 1 版第 6 次印刷

---

购书咨询：010-64518888　　　　　　　售后服务：010-64518899
网　　址：http://www.cip.com.cn
凡购买本书，如有缺损质量问题，本社销售中心负责调换。

---

定　　价：48.00 元

# 中高职衔接贯通培养计算机类系列教材
# 编审委员会

# 编 写 说 明

黑龙江农业经济职业学院 2013 年被黑龙江省教育厅确立为黑龙江省首批中高职衔接贯通培养试点院校，在作物生产技术、农业经济管理、畜牧兽医、水利工程、会计电算化、计算机应用技术 6 个专业开展贯通培养试点，按照《黑龙江省中高职衔接贯通培养试点方案》要求，以学院牵头成立的黑龙江省现代农业职业教育集团为载体，与集团内 20 多所中职学校合作，采取"二三分段"（两年中职学习、三年高职学习）和"三二分段"（三年中职学习、两年高职学习）培养方式，以"统一方案（人才培养方案、工作方案）、统一标准（课程标准、技能考核标准），共享资源、联合培养"为原则，携手中高职院校和相关行业企业协会，发挥多方协作育人的优势，共同做好贯通培养试点工作。

学院高度重视贯通培养试点工作，紧紧围绕黑龙江省产业结构调整及经济发展方式转变对高素质技术技能人才的需要，坚持以人的可持续发展需要和综合职业能力培养为主线，以职业成长为导向，科学设计一体化人才培养方案，明确中职和高职两个阶段的培养规格，按职业能力和素养形成要求进行课程重组，整体设计、统筹安排、分阶段实施，联手行业企业共同探索技术技能人才的系统培养。

在贯通教材开发方面，学院成立了中高职衔接贯通培养教材编审委员会，依据《教育部关于推进中等和高等职业教育协调发展的指导意见（教职成[2011]9 号）》及《教育部关于"十二五"职业教育教材建设的若干意见（教职成[2012]9 号）》文件精神，以"五个对接"（专业与产业对接、课程内容与职业标准对接、教学过程与生产过程对接、学历证书与职业资格证书对接、职业教育与终身学习对接）为原则，围绕中等和高等职业教育接续专业的人才培养目标，系统设计、统筹规划课程开发，明确各自的教学重点，推进专业课程体系的有机衔接，统筹开发中高职教材，强化教材的沟通与衔接，实现教学重点、课程内容、能力结构以及评价标准的有机衔接和贯通，力求"彰显职业特质、彰显贯通特色、彰显专业特点、彰显课程特性"，编写出版了一批反映产业技术升级、符合职业教育规律和技能型人才成长规律的中高职贯通特色教材。

系列贯通教材开发体现了以下特点：

一是创新教材开发机制，校企行联合编写。联合试点中职学校和行业企业，按课程门类组建课程开发与建设团队，在课程相关职业岗位调研基础上，同步开发中高职段紧密关联课程，采取双主编制，教材出版由学院中高职衔接贯通培养教材编审委员会统筹管理。

二是创新教材编写内容，融入行业职业标准。围绕专业人才培养目标和规格，有效融入相关行业标准、职业标准和典型企业技术规范，同时注重吸收行业发展的新知识、新技术、新工艺、新方法，以实现教学内容的及时更新。

三是适应系统培养要求，突出前后贯通有机衔接。在确定好人才培养规格定位的基础上，合理确立课程内容体系。既要避免内容重复，又要避免中高职教材脱节、断层问题，要着力突出体现中高职段紧密关联课程的知识点和技能点的有序衔接。

四是对接岗位典型工作任务，创新教材内容体系。按照教学做一体化的思路来开发教材。科学构建教材体系，突出职业能力培养，以典型工作任务和生产项目为载体，以工作过程系统化为一条明线，以基础知识成系统和实践动手能力成系统为两条暗线，系统化构建教材体系，并充分体现基础知识培养和实践动手能力培养的有机融合。

五是以自主学习为导向，创新教材编写组织形式。按照任务布置、知识要点、操作训练、知识拓展、任务实施等环节设计编写体例，融入典型项目、典型案例等内容，突出学生自主学习能力的培养。

贯通培养系列教材的编写凝聚了贯通试点专业骨干教师的心血，得到了行业企业专家的支持，特此深表谢意！作为创新性的教材，编写过程中难免有不完善之处，期待广大教材使用者提出批评指正，我们将持续改进。

中高职衔接贯通培养计算机类系列教材编审委员会
2016 年 6 月

　　《Photoshop 图像处理高级应用》是计算机应用专业中高职贯通系列教材之一，本教材是与中职阶段《Photoshop 基础》对向开发的，按照紧密贯通有序衔接的要求，基于中高职人才培养规格定位（中职定位于 Photoshop 软件的使用，高职定位于初级设计师）合理确立教材内容体系。

　　本教材作为贯通教材的高级阶段内容，它集编者多年一线教学经验编写而成，体现了"教、学、做"一体化思路。本教材在内容编写上采用项目教学法编写，并将项目分解成了多个任务，任务中包含了技能要点、知识与技能详解、任务实现等几个环节，通过将项目分解成任务来引导学生学习的积极性，在完成每个任务的过程中，由浅入深、循序渐进地在巩固 Photoshop 软件使用的同时，潜移默化地影响学生，将设计思想融入到学习中，使学生掌握实际工作中各类平面设计作品的设计方法及设计思想。

　　本书在内容选取上注重和职业岗位相结合，遵循职业能力培养基本规律，以项目为平台，以任务为载体，构建 Photoshop 图像处理课程体系，以设计为主，以实际操作技术和技巧为辅，设置了建筑效果图后期处理、装饰公司宣传单设计、标志制作、音乐播放器 UI 界面设计、书籍装帧设计、海报设计、特效字体效果的制作与设计及网页效果图制作八个项目内容。本教材适合广大 Photoshop 初学者以及中高职院校相关专业的学生，也适合有志于从事平面广告设计、包装设计、网页制作等工作人员使用，也适合各类培训班的学员参考阅读。

　　本书由黑龙江农业经济职业学院翟秋菊、绥棱县职业技术教育中心学校宋文峰担任主编，黑龙江农业经济职业学院李志川担任副主编，黑龙江农业经济职业学院薛永三担任主审，黑龙江农业经济职业学院肖冬杰、李洪双、张宇航参与编写，具体编写分工如下：李洪双编写项目 1；翟秋菊编写项目 2，项目 5，项目 7 中的任务 3～任务 6；肖冬杰编写项目 3 和项目 7 中的任务 7；李志川编写项目 4，项目 7 中的任务 8；张宇航编写项目 6 和项目 7 中的任务 1 和任务 2；宋文峰编写项目 8。全书由翟秋菊统稿。本书由教学经验丰富、行业背景深厚的中高职院校一线"双师型"教师和企业专家共同完成。

　　本书的编写得到了编者所在院校的大力支持，在此表示感谢。同时对本书编写过程中所参考的有关教材、论文、网络资源等相关文献的作者，一并表示感谢。

　　尽管我们付出了巨大的努力，认真研讨和编写，但由于水平有限，视野不够开阔，Photoshop 图像处理技术发展快速等原因，书中难免有疏漏和不妥之处，敬请专家和读者提出宝贵意见。

编者

2018 年 1 月

CONTENTS

# 目 录

## 项目3　标志制作

## 项目4　音乐播放器 UI 界面设计

# 项目7　特效字体效果的制作与设计

**参考文献** ··········································································· 224

项目 1

# 建筑效果图后期处理

## 项目目标

通过本项目的学习和实施，需要理解、掌握和熟练下列知识点和技能点：

掌握智能对象的建立方式、智能对象的编辑方法、智能对象的优缺点；

掌握明度混合模式的使用；

掌握色彩调整命令的使用方法和技巧；

掌握外发光图层样式的使用方法；

掌握动感模糊滤镜的使用方法；

巩固并加深画笔工具的应用。

## 项目描述

建筑效果图后期处理，主要是针对 Photoshop 图像色彩处理能力的实训，建筑效果图制作是室内设计专业实现设计效果的主要技能手段，通过 3Dmax 建模渲染实现的虚拟现实的图片，以便将设计方案更直观地展示给人们，这是设计师的前期工作，那么学好 Photoshop 这一章的内容不但可以让这项工作节省大量的时间，并能使效果图锦上添花，用户需要做的事是通过这样一个案例，能举一反三，触类旁通。

## 任务 1　制作天空

### ✦ 先睹为快

本任务效果如图 1-1 所示。

图 1-1　天空底色制作效果

### ✧ 技能要点

智能对象
明度混合模式

### ✧ 知识与技能详解

**1. 智能对象**

智能对象可以保留图像的原始内容以及原始特性，防止用户对图层执行破坏性编辑，随着 Photoshop 版本的更新，智能对象的功能也越来越强大，智能对象的应用也越来越广泛。

（1）智能对象的创建

① 置入命令创建智能对象。通过置入命令置入的图层是一个智能对象，置入的智能对象在图层面板中显示状态如图 1-2 所示，图层缩览图右下角有一个智能标记。

② 普通图层转化为智能对象。在图层上单击鼠标右键，在弹出的如图 1-3 所示的快捷菜单中单击"转换为智能对象"选项（或执行【图层】菜单—【智能对象】—【转换为智能对象】命令），即可将普通图层转换为智能对象。

图 1-2 "置入图层"在图层面板中的状态 　　　　图 1-3 右键快捷菜单

（2）智能对象的编辑

如果用户想编辑智能图层，可以双击如图 1-4 所示的智能对象缩略图，或在智能对象上单击鼠标右键，在弹出的如图 1-5 所示的快捷菜单中选择"编辑内容"选项（或执行【图层】菜单—【智能对象】—【编辑内容】命令），都会弹出如图 1-6 所示的"提示"对话框，单击"确定"按钮，会自动打开智能对象的源文件，对源文件修改编辑后，将直接应用到智能对象上，而源文件不会被改动。

例如双击"儿童照"智能对象，打开"儿童照"源文件，为"儿童照"源文件添加一个如图 1-7 所示的"光照滤镜"效果，确认光照滤镜效果后，执行【文件】菜单—【存储】命令，确认更改，切换回置入智能对象的文件中，源文件的更改作用到智能对象上，如图 1-8 所示，而源文件不受影响。

智能图层对象不能直接编辑，当要直接编辑"智能对象"时，会弹出如图 1-9 所示的"提示"对话框，如果用户想直接编辑，可在"智能图层对象"上单击鼠标右键，在弹出的右键快捷菜单中选择"删格化图层"命令，将智能图层对象转换为普通图层。

图 1-4　双击"智能对象缩略图"位置　　　　　　　图 1-5　右键快捷菜单

图 1-6　"提示"对话框

图 1-7　为源文件添加光照效果　　　图 1-8　"光照效果"应用到智能对象中

（3）智能对象的优点

① 保持图像质量。保持图像质量是智能对象最重要的特性之一，栅格化的图层在做变换处理时会造成像素损失而降低图像质量，例如将一个图像缩小后再进行放大处理时，图像会显示模糊，而智能对象可以记录图像最原始的信息，无论进行多少次的缩放，都能让图像质

图 1-9　"提示"对话框

量与最初始状态保持一致，除非将图像放大到超出原始图像大小时，智能对象也会模糊。

② 保留自由变换的设置。保留自由变换设置功能是智能对象另外的一个重要特性，如对一个智能对象扭曲变换之后，依然可以让扭曲的智能对象恢复到初始的设定状态,如图 1-10 所示，对"儿童照"智能对象执行了"透视变换"命令，确认后，再次执行"自由变换"命令时，自由变换框保持着上一次的"透视"变换效果，对"儿童照"普通层执行"透视变换"命令，确认后，再次执行"自由变换"命令时，图像重新添加了"自由变换框"，效果如图 1-11 所示。

 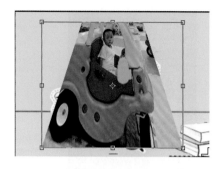

图 1-10 "智能对象"再次执行自由变换效果　　　　图 1-11 普通图层再次执行自由变换效果

③ 共享源文件。当智能对象被复制，那么智能对象的源文件会被多个智能对象共享。即用户可以通过修改源文件的形式对智能对象进行批量更新修改。如打开如图 1-12 所示的一个智能对象，当执行【Ctrl+J】组合键复制生成智能对象时，并对复制的智能对象作相应的变换操作，如图 1-13 所示。双击其中任一个智能对象的缩略图进行源文件修改（修改的原文件若生成了多个图层，则要合并成一个图层）如图 1-14 所示，保存修改的源文件后，返回到包含智能对象的图像中时，所有复制的智能对象都发生了变化，批量修改智能对象后效果如图 1-15 所示。

图 1-12 一个智能对象　　　　　　　　图 1-13 复制生成多个智能对象

图 1-14 双击并修改任一个智能对象的源文件　　图 1-15 修改智能对象源文件后效果

④ 通过拷贝新建智能对象。当我们复制智能对象但不想让它共享同一个源文件时，即改变其中一个智能对象的源文件，其他的不发生变化，可以通过在智能对象上单击鼠标右键，在弹出的如图 1-16 所示的快捷菜单中选择"通过拷贝新建智能对象"选项，就会使复制生成的智能对象产生新的源文件，"通过拷贝新建智能对象"复制生成的智能对象不会与其他智能对象共享同一个源文件，如擦除了"通过拷贝新建智能对象"命令生成的智能对象头上的"飞行器"，其他智能对象没有发生任何变换，如图 1-17 所示。

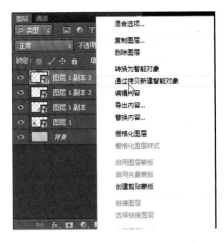

图 1-16　智能对象右键快捷菜单　　　图 1-17　修改"通过拷贝新建智能对象"生成的智能对象效果

### 2. 明度混合模式

"明度"混合模式是使用"混合色"颜色的亮度值进行着色，而保持"基色"颜色的饱和度和色相数值不变，即用"基色"中的"色相"和"饱和度"及"混合色"的亮度创建"结果色"。

### 提示

① "基色"是图像中的原稿颜色，也就是我们要用混合模式选项时，两个图层中下面的那个层。

② "混合色"是通过绘画或编辑工具应用的颜色，也就是我们要用混合模式选项时，两个图层中上面的那个图层

③ "结果色"混合模式结果后得到的颜色，即最后的效果颜色。

### ◇ 任务实现

① 执行【Ctrl＋N】组合键，弹出"新建"对话框，建立一个名称为"建筑效果图后期处理"，宽度为 21cm，高度为 29.7cm，分辨率为 72 像素/英寸，颜色模式为 RGB，背景内容为白色的新画布，如图 1-18 所示，单击"确定"按钮。

② 选择【工具面板】中的【渐变工具】，单击"渐变工具"属性栏中的"编辑渐变"按钮，弹出"渐变编辑器"对话框，将渐变色设置为从蓝色 RGB（30，110，250）到白色 RGB（255，255，55）的渐变，如图 1-19 所示，单击"确定"按钮。在"渐变工具"属性栏中选择"线性渐变"按钮，按住【Shift】键，在图像窗口中由上至下拖曳鼠标左键，用渐变色填充画布，渐变填充效果如图 1-20 所示。

③ 执行【文件】菜单—【置入】命令，置入素材文件中的"Ch01> 素材-建筑效果图后期处理-01"文件，置入效果如图 1-21 所示，在画布中双击，确定置入过程。

④ 执行【图层】菜单—【重命名图层】命令，将置入的新层命名为"天空"。设置"天空"图层的混合模式为"明度"，设置效果如图 1-22 所示。

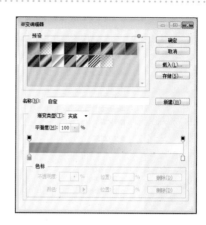

图 1-18　新建对话框　　　　　　　图 1-19　"渐变编辑器"对话框

图 1-20　渐变填充效果　　　图 1-21　置入图像效果　　　图 1-22　明度混合模式设置效果

⑤ 执行【文件】菜单—【置入】命令，置入素材文件中的"Ch01>素材-建筑效果图后期处理-02"文件，置入效果如图 1-23 所示，在画布中双击，确定置入过程。

⑥ 执行【图层】菜单—【重命名图层】命令，将置入的新层命名为"云"。设置"云"图层的混合模式为"明度"，设置效果如图 1-24 所示。

⑦ 双击如图 1-25 所示的智能对象缩略图，弹出如图 1-26 所示的"提示"对话框。

图 1-23　置入图像效果　　　图 1-24　明度混合模式设置效果　　　图 1-25　双击智能对象缩略图

图 1-26　"提示"对话框

⑧ 单击"提示"对话框的确定按钮，打开如图 1-27 所示的"云"层的源文件，选择【工具面板】中的【橡皮擦工具】 <img> ，在画笔预设器中选择需要的笔触形状，在属性栏中将橡皮的"不透明度"设置为 30%，流量设置为 20%，在"云"图层源文件进行擦除，属性设置及擦除效果如图 1-28 所示。

图 1-27　"云"图层源文件

图 1-28　"橡皮擦"工具属性设置及擦除效果

⑨ 执行【文件】菜单—【存储】命令，确认"云"层源文件的修改，切换回置入智能对象的"建筑效果后期处理"文件中，"云"图层源文件的更改作用到智能对象上，如图 1-29 所示，而源文件不受影响，图层面板状态如图 1-30 所示。

图 1-29　"云"图层源文件更改作用到智能对象效果

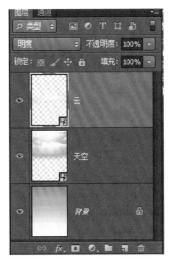

图 1-30　图层面板状态

# 任务 2　导入其他元素

## ✦ 先睹为快

本任务效果如图 1-31 所示。

图 1-31　其他元素导入并修改效果

## ✦ 技能要点

调整图层
色彩平衡

## ✦ 知识与技能详解

**1. 调整图层**

调整图层是一种比较特殊的图层。调整图层的主要作用是用来控制图像色调和色彩的调整，这种调整不是对原图层直接进行，而是通过调整图层来实现，用户可以随时通过修改或删除调整图层来修改或删除这种调整设置，既调整图层实现了色调和色彩调整的效果，又不会破坏原始图像，并且多个调整图层可以产生综合的调整效果，彼此之间可以独立修改，调整图层保留了图层色调和色彩调整的弹性。调整图层的创建可以通过以下几种方式实现。

（1）通过"调整"面板创建调整图层

执行【窗口】菜单—【调整】命令，可以打开如图 1-32 所示的"调整"面板，在"调整"面板中有系统默认的 16 个调整图层类型，单击相应的按钮即可打开相应的调整图层的"属性"面板，如图 1-33 所示，并在图层面板中建立了调整图层，如图 1-34 所示。

图 1-32 "调整"面板　　　图 1-33 "属性"面板　　　图 1-34 图层面板状态

属性面板下方的按钮从左到右依次为：调整将影响下面所有图层（剪切到图层），可查看上一调整状态，复位到调整默认值，切换图层可见性、删除此调整图层。

- 调整将影响下面所有图层（剪切到图层）："调整将影响下面所有图层"是指下面的所有图层均受调整层的影响；"剪切到图层"是指当单击该按钮切换到此状态时，如图 1-35 所示，调整只影响下一个图层，其他图层不受影响。
- 可查看上一调整状态：单击此按钮时可以查看上一次调整状态，用于比较当前调整结果和上一状态的区别。
- 复位到调整默认值：单击此按钮时可将调整层的调整参数恢复到默认值。

（2）通过图层面板或菜单创建调整图层

单击"图层"面板底部的"创建新的填充或调整图层"按钮，弹出如图 1-36 所示的快捷菜单，选择相应的调整图层类型。

执行【图层】菜单—【新建调整图层】命令，在如图 1-37 所示的级联菜单中选择相应的调整图层类型。

图 1-35 "剪切到图层"状态　　图 1-36 快捷菜单　　图 1-37 "新建调整图层"级联菜单

✎ 提示

调整图层对其下方的所有图层都起作用，而对其上方的图层不起作用。如果不想对调整图层下方的所有图层起作用，可以将调整图层与在其下方的图层编组即剪切到图层。

**2. 色彩平衡**

"色彩平衡"可以用来控制图像的颜色分布，对图像的色调进行矫正，使图像达到色彩平衡的效果。它是根据增加某种颜色就要降低这种颜色的互补色的原理设计的。 "色彩平衡"对话框如图 1-38 所示。

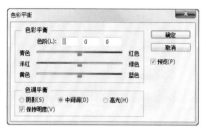

- 色彩平衡：在该区域中分别显示了青色与红色，洋红与绿色，黄色与蓝色3组互补色，如要在图像中增加红色，则向右侧拖动滑块，降低青色含量。
- 色调平衡：用于控制不同色调区域的颜色平衡，包含"阴影"、"中间调"、"高光"三个选项。
- 保持明度：在更改颜色时保证图像中的亮度值不发生变化。

图 1-38　"色彩平衡"对话框

 **提示**

补色是指一种原色与另外两种原色混合而成的颜色形成互为补色的关系，如蓝色与绿色混合出青色，而青色与红色互为补色关系，在标准色轮上，绿色和洋红色互为补色，黄色和蓝色互为补色，红色和青色互为补色。

## ✧ **任务实现**

① 执行【文件】菜单—【置入】命令，置入素材文件中的"Ch01>素材-建筑效果图后期处理-03"文件，适当向下移动置入的图像，在画布中双击，确定置入过程，置入效果如图1-39 所示。

② 执行【图层】菜单—【重命名图层】命令，将置入的新层命名为"草地"，执行【图层】菜单—【栅格化】—【智能对象】命令，将"草地"层转换成普通图层。

③ 选择【工具面板】中的【橡皮擦工具】 ，在画笔预设器中选择合适的软笔触形状，在属性栏中将橡皮的"不透明度"设置为 100%，流量设置为 100%，在"草地"层上进行擦除，擦除效果如图 1-40 所示。

④ 执行【文件】菜单—【置入】命令，置入素材文件中的"Ch01>素材-建筑效果图后期处理-04"文件，在画布中双击，确定置入过程。

⑤ 执行【图层】菜单—【重命名图层】命令，将置入的新层命名为"路面"，执行【图层】菜单—【栅格化】—【智能对象】命令，将"路面"层转换成普通图层。

⑥ 选择【工具面板】中的【橡皮擦工具】 ，在画笔预设器中选择合适的软笔触形状，在属性栏中将橡皮的"不透明度"设置为 100%，流量设置为 100%，在"路面"上进行擦除，使其与"草地"层更好地融合，擦除效果如图 1-41 所示。

图 1-39　置入草地层效果　　　图 1-40　草地层擦除效果　　　图 1-41　"路面"层置入并擦除效果

⑦ 选择【工具面板】中的【矩形选框工具】，绘制一个如图 1-42 所示的矩形选择区域。

⑧ 执行【选择】菜单—【修改】—【羽化】命令，羽化半径设置为 30 像素。

⑨ 单击图层面板下方的"创建新的调整图层"按钮 🔘，在弹出的如图 1-43 所示快捷菜单中选择"色彩平衡"选项。打开属性面板，属性参数设置如图 1-44 所示，设置效果如图 1-45 所示，图层面板状态如图 1-46 所示。

图 1-42　矩形选区建立效果　　图 1-43　创建新调整层过程　　图 1-44　"色彩平衡"属性设置

⑩ 执行【文件】菜单—【置入】命令，置入素材文件中的"Ch01> 素材-建筑效果图后期处理-05"文件，适当移动置入图像位置，在画布中双击，确定置入过程，置入效果如图 1-47 所示。

⑪ 执行【图层】菜单—【重命名图层】命令，将置入的新层命名为"房屋"，执行【图层】菜单—【栅格化】—【智能对象】命令，将"房屋"层转换成普通图层。

图 1-45　"色彩平衡"设置效果　　图 1-46　图层面板状态　　图 1-47　置入房屋层效果

⑫ 选择【工具面板】中的【橡皮擦工具】 🔲，在画笔预设器中选择合适的软笔触形状，在属性栏中将橡皮的"不透明度"设置为 100%，流量设置为 100%，在"房屋"上进行擦除，擦除效果如图 1-48 所示。

⑬ 单击图层面板下方的"创建新的调整图层"按钮 🔘，在弹出的快捷菜单中选择"色彩平衡"选项，打开"色彩平衡"属性面板，参数设置如图 1-49 所示，设置效果如图 1-50 所示。

 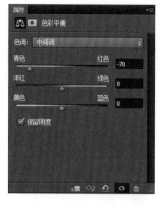 

图 1-48 擦除效果　　　　图 1-49 "色彩平衡"属性设置　图 1-50 "色彩平衡"设置效果

⑭ 执行【文件】菜单—【置入】命令，置入素材文件中的"Ch01>素材-建筑效果图后期处理-06"文件，移动并缩放置入图像到如图 1-51 所示的位置，在画布中双击，确定置入过程。

⑮ 执行【图层】菜单—【重命名图层】命令，将置入的新层命名为"树木"层，执行【图层】菜单—【栅格化】—【智能对象】命令，将"树木"层智能对象转换成普通图层。

⑯ 执行【Ctrl+J】组合键，复制"树木"层生成副本，按住【Alt】键，单击"树木副本"图层前的眼睛图标 ，如图 1-52 所示，隐藏除"树木副本"层之外的所有图层，隐藏其他层后图层面板状态如图 1-53 所示。

图 1-51 "置入"图像缩放并移动效果　　图 1-52 指示图层可见性　图 1-53 图层面板状态

⑰ 选择【工具面板】中的【移动工具】 ，移动"树木副本"到如图 1-54 所示的位置。

⑱ 执行【Ctrl+T】组合键，适当缩小"树木副本"，选择【工具面板】中的【橡皮擦工具】 ，在画笔预设器中选择合适的软笔触形状，在属性栏中将橡皮的"不透明度"设置为100%，流量设置为 100%，在"树木副本"层进行擦除，缩放并擦除效果如图 1-55 所示。

⑲ 按住【Alt】键，单击"树木副本"层前面的眼睛图标 ，显示其他所有层，图像效果如图 1-56 所示。

图 1-54　"树木副本"层移动效果　　图 1-55　"树木副本"层擦除效果　　图 1-56　所有图层显示效果

# 任务 3　绘制阳光与装饰花朵

## ◇ 先睹为快

本任务效果如图 1-57 所示。

图 1-57　天空底色制作效果

## ◇ 技能要点

动感模糊

外发光

## ✧ 知识与技能详解

### 1. 动感模糊

动感模糊即运动的物体产生的模糊效果，类似于给一个移动的对象拍照，可以通过【滤镜】菜单—【模糊】—【动感模糊】方式打开，其对话框如图 1-58 所示，应用动感模糊前后对比效果如图 1-59 所示。

图 1-58　动感模糊对话框

图 1-59　动感模糊前后对比效果

- 角度：用于设置模糊的方向，可以拖动指针进行调整，也可以直接在角度后面的文本框中输入数值。
- 距离：用于设置像素移动的距离。

### 2. 外发光

"外发光"样式是在图像边缘的外侧添加发光效果的一种样式。外发光样式主要参数如图 1-60 所示，添加外发光样式前后图像对比效果如图 1-61 所示。部分参数说明如下所述。

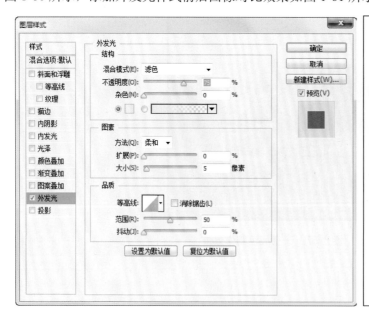

- 方法：方法有"柔和"和"精确"两个选项，用来设置发光的效果，"精确"会根据图像细节来发光，"柔和"是根据图像整体轮廓发光。
- 扩展：用于设置发光中颜色区域和完全透明区域之间的渐变速度，与下面的大小配合使用。
- 大小：用于设置光线的延伸范围。

图 1-60　"外发光"参数设置

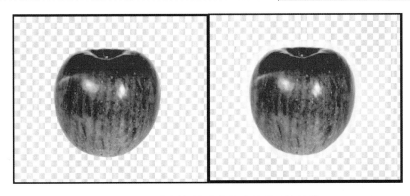

图 1-61　图像添加外发光样式前后对比效果

## ✧ 任务实现

① 选择【工具面板】中的【套索工具】，拖曳鼠标左键绘制如图 1-62 所示的选择区域。

② 执行【Ctrl+Alt+Shift+N】组合键，新建图层，执行【图层】菜单—【重命名图层】命令，将新建的图层命名为"画笔"层。

③ 设置前景色为黄色 RGB（250，210，0），选择【工具面板】中的【画笔工具】，单击画笔工具属性栏上的"切换画笔面板"属性，弹出 "画笔"控制面板，单击左侧列表框中的"画笔笔尖形状"选项，切换到相应的面板进行如图 1-63 所示的设置。

④ 单击"形状动态"列表，切换到相应的面板中进行如图 1-64 所示的设置。

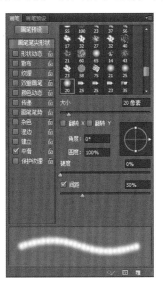

图 1-62　选区建立效果　　　　图 1-63　画笔笔尖形状参数设置　　图 1-64　形状动态参数设置

⑤ 单击"散布"列表，切换到相应的面板中进行如图 1-65 所示的设置，在图像窗口中绘制黄色图形，绘制效果如图 1-66 所示。执行【Ctrl+D】组合键，取消选择区域。

⑥ 单击"图层"面板下方的"添加图层样式"按钮，在弹出的如图 1-67 所示的菜单中选择"外发光"选项，弹出外发光对话框，参数设置如图 1-68 所示，发光颜色为绿色 RGB（0，75，10），黄色区域设置外发光效果如图 1-69 所示。

图 1-65　散布参数设置　　　　图 1-66　画笔绘制效果　　　　图 1-67　图层样式菜单

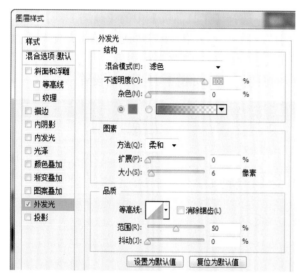

图 1-68　"外发光"参数设置　　　　　图 1-69　"外发光"设置效果

⑦ 单击"图层"面板下方的"创建新组"按钮 ，创建新的图层组，并将新创建的组命名为"太阳阳光"。

⑧ 执行【Ctrl+Alt+Shift+N】组合键，新建图层，并将新建的图层重命名为"阳光"层。

⑨ 选择【工具面板】中的【矩形选框工具】 ，选择属性栏中的"添加到选区"属性 ，在图像窗口中绘制多个矩形选区，选区绘制效果如图 1-70 所示。

⑩ 执行【选择】菜单—【修改】—【羽化】命令，在弹出的如图 1-71 所示的"羽化选区"对话框中设置羽化值为 10。

⑪ 设置前景色为白色，执行【Alt+Delete】组合键，用前景色填充选择区域，填充效果

如图 1-72 所示，执行【Ctrl+D】组合键，取消选区。

图 1-70　选区绘制效果　　　　图 1-71　羽化选区对话框　　　　图 1-72　选区填充效果

⑫ 执行【滤镜】菜单—【模糊】—【动感模糊】命令，在弹出的对话框中进行如图 1-73 所示的设置，单击"确定"按钮，动感模糊效果如图 1-74 所示。

图 1-73　动感模糊参数设置　　　图 1-74　动感模糊设置效果　　　图 1-75　透视变换过程

⑬ 执行【Ctrl+T】组合键，为"阳光"层添加自由变换框，在变换框内单击鼠标右键，在弹出的菜单中选择"透视"命令，拖曳变换框左上方的控制手柄向右移动使图形变为如图 1-75 所示的透视效果，执行【Enter】键确定变换操作。

⑭ 执行【Ctrl+F】组合键多次，重复上一次应用过的"动感模糊"滤镜命令，多次执行动感模糊效果如图 1-76 所示。

⑮ 单击如图 1-77 所示的"阳光"图层的"不透明度"选项，将"阳光"层不透明度设置为 70%。

⑯ 拖曳"阳光"层到图层控制面板下方的"创建新图层"按钮 上，复制"阳光"层生成"阳光副本"层。执行【Ctrl+T】组合键，为"阳光副本"层添加自由变换框，将变换框中心点移动到上方的控制边框的中点上，如图 1-78 所示，将鼠标光标放在变换框的控制手柄外围，光标变为旋转图标 形状时，拖曳鼠标将图形旋转到适当的角度并调整其大小，如

图 1-79 所示，执行【Enter】键,确认变换操作。

图 1-76　多次执行动感模糊效果　图 1-77　设置"阳光"层不透明度　图 1-78　自由变换框中心点移动位置

⑰ 执行【Ctrl+J】组合键，复制"阳光副本"层，生成"阳光副本 2"层，执行【Ctrl+T】组合键，为"阳光副本 2"层添加自由变换框，拖曳变换框中心点到右侧边框中点上，如图 1-80 所示。

⑱ 鼠标移动到变换框内，单击鼠标右键，在弹出的如图 1-81 所示的快捷菜单中选择"水平翻转"选项，执行【Enter】键确认变换操作，变换效果如图 1-82 所示。

⑲ 单击图层面板下方的"创建新图层"按钮 ，新建图层并将其重命名为"阳光模糊"层。选择【工具面板】中的【椭圆选框工具】 ，在图像窗口中绘制如图 1-83 所示的椭圆形选区。

图 1-79　"阳光副本"层旋转与缩放　　　　图 1-80　自由变换框中心点移动位置

⑳ 执行【Shift+F6】组合键，在弹出的"羽化选区"对话框中设置羽化值为 30 像素，单击"确定"按钮。

㉑ 设置前景色为白色，执行【Alt+Delete】组合键，用前景色填充选区，执行【Ctrl+D】组合键，取消选区。填充效果如图 1-84 所示。

图 1-81　自由变换框右键快捷菜单　图 1-82　"阳光副本 2"层水平翻转效果　图 1-83　椭圆选区绘制效果

㉒ 单击"太阳阳光"图层组前面的三角形图标▼，折叠图层组，拖曳图层组到"树木"层的下方，拖曳"画笔"层到"色彩平衡 2"的下方，图层面板状态如图 1-85 所示，改变图层顺序后图像效果如图 1-86 所示。

图 1-84　填充效果　　　　　图 1-85　图层面板状态　　　　图 1-86　图层顺序改变图像效果

㉓ 单击"图层"面板下方的"创建新组"按钮▢，创建新的图层组，并将新创建的组命名为"文字"。

㉔ 设置前景色为蓝色 RGB（0，45，75），选择【工具面板】中的【横排文字工具】Ｔ，字符属性设置如图 1-87 所示，在字体库中选择了"方正综艺简体"，字体大小设置为 60 点，字符的字距设置为 75，输入如入 1-88 所示的"建筑"文字内容。

㉕ 执行【Ctrl+J】组合键，复制"建筑"层生成"建筑副本"层，使用"横排文字工具"选择"建筑副本"文字内容，将文字改为"典范"，单击文字工具属性栏中的"切换文本取向"▯▯属性，使"典范"文字纵向排列，将文字大小改为 40 点，字符的字距改为–100，文字调整效果如图 1-89 所示。

㉖ 同理输入"艺术　百年帝都"文字内容，字体大小为 18 点，其他字符属性适当调整，

输入效果如图 1-90 所示。

图 1-87 "字符"属性设置　　图 1-88 "建筑"文字内容输入效果　　图 1-89 "典范"文字效果

㉗ 执行【Ctrl+Alt+Shift+N】组合键,新建图层并将其重命名为"文字装饰线"。选择【工具面板】中的【矩形选框工具】 ,绘制一个宽度为 4.5cm、高度为 4 像素的矩形选区,选区绘制效果如图 1-91 所示,矩形选框工具属性设置如图 1-92 所示。执行【Alt+Delete】组合键,用前景色蓝色 RGB(0,45,75)填充选区。

图 1-90 "艺术 百年帝都"文字输入效果　　　　　　　图 1-91 选区绘制效果

图 1-92 "矩形选框工具"属性设置

㉘ 执行【Ctrl+D】组合键取消选择区域,选择【工具面板】中的【横排文字工具】 ,输入蓝色 RGB(0,45,75)的英文字体内容,输入效果如图 1-93 所示,字体设置为:TIMES NEW ROMAN,字体大小设置为 22 点。

㉙ 输入黑色的如图 1-94 所示的文字内容,字体设置为黑体,字体大小设置为 14 点,文字选择状态下,按住【Alt+→】或【Alt+←】,适当调整字符的字距。

图 1-93 "英文文字"输入效果　　　　　　　图 1-94 "汉字"输入效果

㉚ 输入"爱生活·爱自由"文字内容，字体设置为"方正综艺简体"，大小设置为 24 点，适当调整间距，最终效果如图 1-95 所示。"文字"组包含的图层如图 1-96 所示。

图 1-95　最终效果

图 1-96　"文字"组所包含的层及在图层面板中的位置

## ✧ 项目总结和评价

通过本项目的学习，学生对建筑效果图后期处理有了一个基本的认识，加深了智能对象的使用方法与技巧，对选区和图层的综合运用有了更深的了解，掌握了明度混合模式、调整图层、色彩平衡、动感模糊、外发光图层样式新知识点的使用方法和应用技巧，希望同学们在熟练制作本项目内容的基础上，能够举一反三，为将来在实际工作中的制作与设计打下坚实的基础。

# 思考与练习

**1. 思考题**

（1）智能对象的优缺点是什么？

（2）调整层与调整命令的区别是什么？

**2. 操作练习**

为图 1-97 所示图配置天空和周围环境元素。

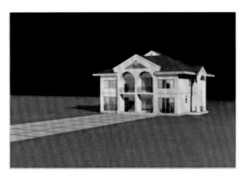

图 1-97　操作练习图

# 项目 2

# 装饰公司宣传单设计

## 项目目标

通过本项目的学习和实施，需要理解、掌握和熟练下列知识点和技能点：

了解宣传单的用途；

通过宣传单的制作，综合巩固前面内容，并将知识点融合到本项目中；

通过宣传单的制作，学习本项目重知识点"图层蒙版"的概念及其使用方法。

## 项目描述

宣传单是广告宣传的重要手段之一，特点是制作方便，成本低，适合小范围传播，宣传单在日常生活中非常常见，走在大街上我们经常会接到，服装促销宣传单，房地厂广告宣传单，某超市打折促销宣传单，甚至互联网中的网店详情页也是由宣传单演化而来的新媒体形式宣传手段，由此可见宣传单的应用非常之广，那么如何来制作一个宣传单呢，在本项目中通过装饰公司宣传单的实现来体验宣传单的整个制作流程。

## 任务1 绘制底图背景

### ◇ 先睹为快

本任务效果如图 2-1 所示。

图 2-1 底图背景绘制效果

## ◇ **技能要点**

去色
曲线调整
图层蒙版

## ◇ **知识与技能详解**

### 1. 去色

"去色"命令可以在保持颜色模式不变的情况下去除彩色图像中的所有颜色值，使其转换为灰度图像。执行【图像】菜单—【调整】—【去色】命令（或【Ctrl+Shift+U】组合键），可以对图像完成"去色"操作。执行这个命令的图像包含多个图层时，该命令只作用于被选择的图层，如图 2-2 所示。当存在选区时，该命令只做作用于选区选取的范围，如图 2-3 所示。

图 2-2　包含多个图层的图像去色前后对比效果

图 2-3　选区存在去色前后对比效果

### 2. 曲线调整

"曲线"命令和"色阶"命令都可以用来调整图像色调范围，在使用曲线命令调整时，曲线中的任意一点都可以进行调整（从阴影到高光），因此比"色阶"命令（只有黑场、灰度系数、白场 3 个参数）对图像的调节更精密。同时"曲线"命令还可以对单独的颜色通道进行精确的调整。执行【图像】菜单—【调整】—【曲线】命令（或执行【Ctrl+M】组合键），弹出如图 2-4 所示的"曲线"对话框，对话框选项含义如下所述。

- 预设：在"预设"下拉列表中，可以选择 Photoshop CS6 提供的一些设置好的曲线，当选择默认值时，用户可以自行调整曲线。
- 通道：用来选择想要处理的彩色通道，色彩模式不同，通道也会不同，如果是 RGB 图像，则有 RGB、Red、Green 和 Blue 4 个选项。当选择 RGB 选择时，则对图像的整体色调进行调整。如选择其他选项时，则对单独的颜色通道进行调整，在调整过程中会影响图像颜色值。

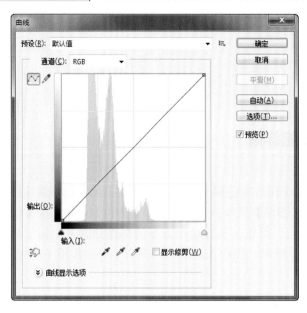

图 2-4　"曲线"对话框

- 曲线图：曲线图是整个曲线对话框的核心，它有一条水平轴（$X$ 轴）代表图像的输入值，这些值是图像调整前的亮度值，还有一条垂直轴（$Y$ 轴）代表图像的输出值，显示图像调整后的亮度值。当对话框第一次打开时，所有的输入值与输出值相同，这就形成了对角线。曲线体现了输入色阶和输出色阶的关系。左下角是图表的原点（在这点上输入色阶和输出色阶的值都为 0），在图中向右移动曲线则输入值增加（降低图像暗度区的亮度），向上移动则输出值增加（增加图像暗度区的亮度）。把鼠标移动到曲线周围时，光标会变成十字形，光标所在处的输入色阶和输出色阶值就会显示。

- 亮度杆。在曲线图的左边和下边都有一个亮度杆，都是从黑色到白色，体现了图像亮区和暗区的方向。默认的情况下，亮度的分布都是以原点为黑色，从黑色到白色进行过渡（0～255）。

- 通过编辑点以修改曲线 ⌇：此选项被选中时，可在曲线中各处添加节点，在节点上按住鼠标左键并拖动可以改变节点位置，向上拖动时色调变亮，向下拖动色调变暗（如果需要继续添加控制点，只要在曲线上单击即可；如果需要删除控制点，只要拖动控制点到对话框外即可）。

- 通过绘制来修改曲线 ✎：选择该工具后，鼠标形状变成一个铅笔指针形状，可以在图标区中绘制所要的曲线，曲线绘制完成后，单击"平滑"按钮可以使曲线变得平滑。

- 在图像上单击并拖动可修改曲线 ☞：单击激活此工具后，在图像上移动鼠标指针，鼠标指针会变成吸管状，在图像上找到要调整的色调，然后向上、向下拖动可调整曲线。

✎ **提示**

按住【Alt】键，"取消"按钮将转换为"复位"按钮，单击复位按钮，可将对话框恢复到 Photoshop CS6 曲线打开时的状态。

**3. 图层蒙版**

图层蒙版在合成图像过程中应用比较广泛，图层蒙版是在指定的图层上添加一个灰度图对图层起到显示或隐藏的作用。灰度图中的白色用来显示当前图层的像素，黑色用来隐藏当前图层像素、显示当前图层下面的层的像素，灰色用半透明显示当前图层的像素，用户可以通过对灰度图的编辑来改变图层的显示效果，而图层的实际像素不受影响，删除图层蒙版后，图层显示效果恢复到初始状态。

（1）添加图层蒙版

单击在"图层"面板下方的"添加图层蒙版"按钮 (执行【图层】菜单—【图层蒙版】—【显示全部】命令），即可为当前操作图层添加一个图层蒙版。创建图层蒙版之前，如果没有建立任何选区，则建立的图层蒙版的灰度图呈现白色，如图 2-5 所示，当前图层像素处于完全显示状态；有选区的情况下建立图层蒙版时（或执行【图层】菜单-【图层蒙版】-【显示选区】命令），建立的图层蒙版的灰度图选区内呈现白色，选区外呈现黑色，如图 2-6 所示，建立图层蒙版后，当前图层选区内像素处于显状态，选区外像素被隐藏；选区被羽化建立图层蒙版时，建立的图层蒙版的边缘是过渡的灰色，如图 2-7 所示，羽化选区边缘区域像素处于半透明显示状态。

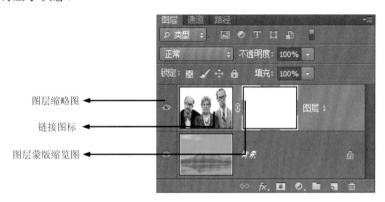

图层缩略图
链接图标
图层蒙版缩览图

图 2-5　添加图层蒙版状态

创建图层蒙版之前，如果没有建立任何选区，按住【Alt】键，单击在"图层"面板下方的"添加图层蒙版"按钮 (或执行【图层】菜单—【图层蒙版】—【隐藏全部】命令），为图层添加的图层蒙版的灰度图呈现黑色，即将当前图层像素全部隐藏，显示下面图层的内容，如图 2-8 所示。有选区的情况下按住【Alt】键，单击在"图层"面板下方的"添加图层蒙版"按钮 (或执行【图层】菜单—【图层蒙版】—【隐藏选区】命令），建立图层蒙版时，则建立的图层蒙版的灰度图选区内呈现黑色，选区外呈现白色如图 2-9 所示，同理当前图层选区内的像素被隐藏，选区外的像素处于显示状态。

图 2-6　选区存在建立图层蒙版效果

图 2-7　选区被羽化建立图层蒙版效果

图 2-8　"隐藏全部"命令添加图层蒙版效果

图 2-9　"隐藏选区"命令添加图层蒙板效果

✒ **提示**

图层缩略图和图层蒙版缩览图之间的链接图标 ⑧，用来关联图层像素和图层蒙版，当链接图标存在时，对图层像素执行变换或移动操作时，图层蒙版会同步变换或移动，当取消链接图标时，可以分别对图层像素或图层蒙版蒙版单独变换和移动操作。

（2）图层像素的显示与隐藏

按住【Alt】键，鼠标左键单击"图层"面板中"图层蒙版缩览图"，画布中的图像被隐藏，只单独显示图层蒙板（灰度图），如图 2-10 所示，按住【Alt】键，再次单击"图层蒙版缩览图"，将恢复画布中的图像像素显示效果。

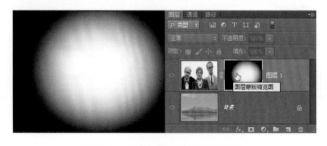

图 2-10　图层蒙版单独显示效果

（3）停用和恢复图层蒙版

按住【Shift】键，鼠标左键单击"图层"面板中"图层蒙版缩览图"（或执行【图层】菜单—【图层蒙版】—【停用】命令），可停用当前操作的图层蒙版，此时当前图层像素全部显示，按住【Shift】键，再次单击"图层蒙版缩览图"（或执行【图层】菜单—【图层蒙版】—【启用】命令），则恢复图层蒙版效果。

（4）删除图层蒙版

在"图层蒙版缩览图"上单击鼠标右键，在弹出的如图 2-11 所示的快捷菜单中选择"删除图层蒙版"选项（或执行【图层】菜单—【图层蒙版】—【删除】命令），即可删除被选中的图层蒙版。

（5）应用图层蒙版

在"图层蒙版缩览图"上单击鼠标右键，在弹出的快捷菜单中选择"应用图层蒙版"选项（或执行【图层】菜单—【图层蒙版】—【应用】命令），即可应用图层蒙版，应用效果如图 2-12 所示。应用图层蒙版时，蒙版白色区域像素保留，黑色区域像素删除，灰色区域像素半透明删除。

图 2-11　图层蒙版右键快捷菜单

图 2-12　图层蒙版应用效果

## ✧ 任务实现

① 执行【Ctrl+N】组合键，弹出 "新建"对话框，建立一个名称为"清雅轩装饰公司宣传单"，宽度为 21.6cm，高度为 29.1cm，分辨率为 72 像素/英寸（印刷尺寸 300 像素/英寸），颜色模式为 RGB，背景内容为白色的新画布，单击"确定"按钮。

② 执行【视图】菜单—【新建参考线】命令，在位置 0.3cm、28.8cm 处建立两条水平参考线，在位置 0.3cm、21.3cm 处建立两条垂直参考线，设置出血线位置，效果如图 2-13 所示。

③ 设置前景色为暗红色 RGB(45，5，5)，执行【Alt+Delete】组合键填充背景层。选择【工具面板】中的【矩形选框工具】 ，绘制一个沿着画布右侧边缘宽度为 19.6cm、高度为 29.1cm 的矩形选区，效果如图 2-14 所示。

④ 执行【Ctrl+Alt+Shift+N】组合键，新建图层，并将新建的图层命名为"装饰背景色"。

⑤ 设置前景色为暗黑色（10，0，0）执行【Alt+Delete】组合键，用前景色填充"装饰背景色"层的选择区域，执行【Ctrl+D】组合键，取消选区，填充效果如图 2-15 所示。

⑥ 执行【文件】菜单—【置入】命令，置入素材文件中的"Ch07> 素材-清雅轩装饰公司宣传单-01"文件，缩放置入图像，置入并缩放效果如图 2-16 所示，在画布中双击，确定置入过程。

⑦ 执行【图层】菜单—【重命名图层】命令，将置入的智能对象命名为"背景图片 1"。

图 2-13　参考线建立效果

图 2-14　选区绘制效果

⑧ 执行【图层】菜单—【栅格化】—【智能对象】命令，将"背景图片 1"转换为普通图层。

⑨ 执行【图像】菜单—【调整】—【去色】命令（或执行【Ctrl+Shift+U】组合键），将"图片背景 1"去除彩色，去色效果如图 2-17 所示。

⑩ 执行【图像】菜单—【调整】—【曲线】命令，降低图像亮度，曲线调整参数调整及曲线调整效果如图 2-18 所示。

⑪ 设置"背景图片 1"图层的混合模式为"明度"，设置效果如图 2-19 所示。

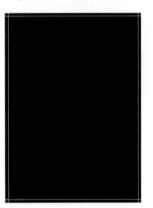
图 2-15　选区填充效果

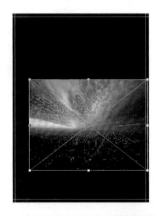
图 2-16　素材文件置入并缩放效果

图 2-17　"去色"效果

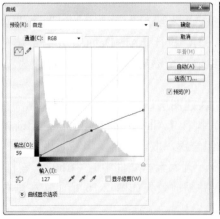

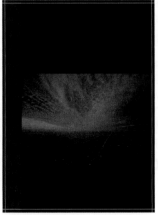
图 2-18　曲线调整参数设置及曲线调整效果

⑫ 单击如图 2-20 所示图层面板下方的"添加图层蒙版"按钮 ■，为"背景图片 1"添加图层蒙版，添加图层蒙版后图层面板状态如图 2-21 所示。

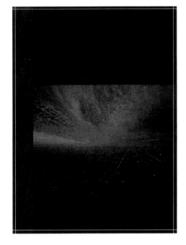  

图 2-19 "明度"混合模式设置效果　　图 2-20 添加图层蒙版按钮位置　　图 2-21 添加图层蒙版状态

⑬ 按【D】键恢复默认的前景色（黑色）和背景色（白色），选择【工具面板】中的【渐变工具】 ■，单击属性栏中的"编辑渐变"按钮 ■，弹出"渐变编辑器"对话框，在"预设"栏中选择"前景色到背景色"渐变。单击"确定"按钮。在属性栏中选择"线性渐变"按钮 ■，在图像窗口中由上至下拖曳鼠标，渐变填充"图层蒙版"，渐变填充图层蒙版效果如图 2-22 所示，图层面板状态如图 2-23 所示。

图 2-22 渐变填充图层蒙版效果　　图 2-23 图层面板状态

⑭ 执行【文件】菜单—【置入】命令，置入素材文件中的"Ch07> 素材-清雅轩装饰公司宣传单-02"文件，移动并缩放置入图像到如图 2-24 所示的位置，在画布中双击，确定置入过程。

⑮ 执行【图层】菜单—【重命名图层】命令，将置入的智能对象命名为"背景图片 2"。

⑯ 单击图层面板下方的"添加图层蒙版"按钮 ■，为"背景图片 2"添加图层蒙版，选择【工具面板】中的【渐变工具】 ■，选择属性栏中"线性渐变"按钮 ■，勾选属性栏中

的"反向"选项，按住【Shift】键，在图像窗口中由上至下拖曳鼠标，渐变填充图层蒙版，鼠标拖曳长度如图 2-25 所示，渐变填充效果如图 2-26 所示，图层面板状态如图 2-27 所示。

图 2-24　置入对象缩放并移动效果

图 2-25　渐变拖曳长度

图 2-26　渐变填充背景图片 2 图层蒙版效果

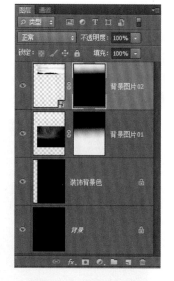

图 2-27　图层面板状态

⑰　在"图层"控制面板上方，将"背景图片 2"图层的"不透明度"选项设置为 60%。

⑱　执行【Ctrl+S】组合键，保存图像。

# 任务 2　绘制其他装饰图案

## ❖ 先睹为快

本任务效果如图 2-28 所示。

图 2-28　"其他装饰图案"绘制效果

## ◇ 技能要点

直线工具

## ◇ 知识与技能详解

选中直线工具 ╱ 时，在图像窗口中拖动鼠标左键即可根据如图 2-29 所示的属性窗口设置来绘制任意长度、任意粗度的直线或箭头。直线工具属性栏部分选项说明如下所述。

图 2-29　直线工具属性栏

粗细 粗细: 4 像素 ：设置直线的粗度。

直线选项 ✿ ：单击此按钮，可以打开如图 2-30 所示的直选项参数设置。

✔ 起点 ：当选择此选项时，绘制的线段起点部分为箭头（从左到右进行绘制），如图 2-31（1）所示。

■ 终点 ：当选择此选项时，绘制的线段终点部分为箭头，如图 2-31（2）所示，当起点与终点都选择时，绘制带有双向箭头的线段，如图 2-31（3）所示。

宽度: 500% ：在此文本框中可以设置箭头宽度和线段粗细的百分比，将宽度设置为 200%，所绘制的箭头如图 2-31（4）所示。

长度: 1000% ：在此文本框中可以输入箭头长度和线段粗细的百分比。将宽度设置为 200%，长度设置为 500%，所绘制的箭头如图 2-31（5）所示。

凹度: 50% ：在此文本框中可以输入箭头凹的程度（即箭头宽度与长度的角度），将凹度设置为 45%，所绘制的箭头形状如图 2-31（6）所示。

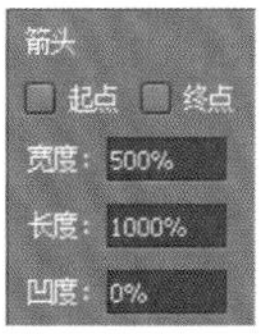

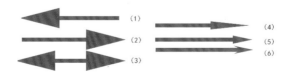

图 2-30　直线选项　　　　　　　图 2-31　箭头形状

**提示**

按住【Shift】键，可沿水平、垂直或 45° 位数方向绘制直线。

## ✧ 任务实现

① 执行【文件】菜单—【打开】命令，打开任务 1 中制作的 PSD 格式文件。

② 设置前景色为黄色 RGB（250，220，0），执行【Ctrl+Alt+Shift+N】组合键，新建图层并将其重命名为"长条"层，选择【工具面板】中的【直线工具】，工具属性栏设置如图 2-32 所示，拖曳鼠标左键，绘制如图 2-33 所示的直线。

③ 执行【Ctrl+J】组合键 54 次，复制"长条"层生成 54 个副本，选择【工具面板】中的【移动工具】，将图层面板中最上方的"长条副本 54"层移动到如图 2-34 所示的位置。

图 2-32　直线工具属性设置

图 2-33　"直线"绘制效果　　　　　图 2-34　"长条副本 54"移动效果

④ 按住【Shift】键，单击"长条"层，选择"长条"层到"长条副本 54"层之间的所有直线层，单击如图 2-35 所示移动工具属性栏中的"按底分布"属性，分布"长条"及其所有副本层，分布效果如图 2-36 所示，执行【Ctrl+E】组合键，合并"长条"层及其所有副本层，并将合并后的图层重命名为"长条"层。

图 2-35　移动工具属性栏

⑤ 设置"长条"层混合模式为"明度"，设置"长条"层不透明度为"30%"，混合模式及不透明度设置效果如图 2-37 所示。

⑥ 执行【图层】菜单—【图层蒙版】—【显示全部】命令，为"长条"层建立图层蒙版，执行【D】键，恢复默认的前景色（黑色）和背景色（白色）。

⑦ 选择【工具面板】中的【画笔工具】，选择柔和笔触，适当调整画笔工具属性栏中的

不透明度，在"长条层"图层蒙版上涂抹，涂抹效果如图 2-38 所示。

⑧ 按住【Alt】键，单击如图 2-39 所示"长条"层的"图层蒙版缩览图"，隐藏"长条"层像素，单独显示"长条"层图层蒙版效果如图 2-40 所示。按住【Alt】键，再次单击"长条"层的"图层蒙版缩览图"，显示"长条"层像素。

图 2-36　长条及其副本层分布效果　　　　图 2-37　混合模式及不透明度设置效果

⑨ 按住【Shift】键，单击"装饰背景色"图层，选择"长条"层到"装饰背景色"之间的所有图层，选择效果如图 2-41 所示。

图 2-38　画笔涂抹图层蒙版效果　　　　　图 2-39　鼠标左键单击位置

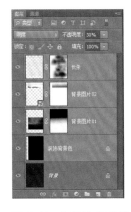

图 2-40　"长条"层图层蒙版单独显示效果　　图 2-41　图层选择效果

⑩ 执行【图层】菜单—【新建】—【从图层建立组】命令，在弹出的如图 2-42 所示的"从图层新建组"对话框中将"名称"改为"背景修饰"。单击"确定"按钮，图层面板状态如图 2-43 所示。

图 2-42　"从图层新建组"对话框　　　　图 2-43　建立组时图层面板状态

⑪ 单击图层面板下方的"创建新组"按钮，新建组并将其命名为"球形修饰"组，执行【Alt+Ctrl+Shift+N】组合键，在"图层修饰组"内新建图层并将其命名为"圆形底图"。

⑫ 按【X】键，交换前景色和背景色，选择【工具面板】中的【椭圆工具】，其属性设置如图 2-44 所示，绘制一个如图 2-45 所示的椭圆形状像素。

图 2-44　椭圆工具属性栏设置

⑬ 单击图层面板下方的"添加图层样式"按钮，在弹出的如图 2-46 所示的菜单中选择"描边"样式，弹出 "描边"样式对话框，参数设置如图 2-47 所示，"描边"样式设置效果如图 2-48 所示。

图 2-45　椭圆形状像素绘制效果　　　　图 2-46　"添加图层样式"菜单

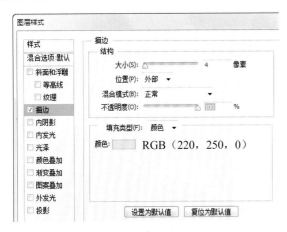

图 2-47 "描边"样式参数设置

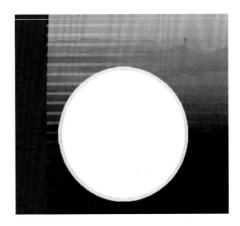

图 2-48 "描边"样式设置效果

⑭ 执行【文件】菜单—【置入】命令，置入素材文件中的"Ch07>素材-清雅轩装饰公司宣传单-03"文件，缩放置入图像到椭圆像素上方，置入并缩放效果如图 2-49 所示，在画布中双击，确定置入过程。

⑮ 执行【图层】菜单—【创建剪贴蒙板】命令，剪贴蒙板创建效果如图 2-50 所示。

图 2-49 置入图像缩放并移动效果

图 2-50 "剪贴蒙板"创建效果

⑯ 同时选择"03"层和"椭圆底图"层，选择效果如图 2-51 所示。执行【图层】菜单—【新建】—【从图层建立组】命令，在弹出的"从图层新建组"对话框中将"名称"改为"小球"。单击"确定"按钮。图层面板状态如图 2-52 所示。

⑰ 执行【Ctrl+J】组合键，复制"小球"图层组，生成"小球副本"，图层面板状态如图 2-53 所示。

图 2-51 图层选择效果

图 2-52 创建新组图层面板状态

图 2-53 复制图层组图层面板状态

⑱ 选择【工具面板】中的【移动工具】 ▶✛，移动"小球副本"图层组到如图 2-54 所示的位置。

⑲ 执行【Ctrl+T】组合键，为"小球副本"图层组添加自由变换框，按住【Alt+Shift】组合键，拖曳如图 2-55 所示变换框左上角的变换点，缩放"小球副本"图层组。执行【Enter】键，确认变换。

图 2-54 "小球副本"移动位置　　　　　图 2-55 "小球副本"缩放过程

⑳ 单击"小球副本"图层组前方的折叠按钮▶，如图 2-56 所示，展开"小球副本"图层组，展开后图层面板状态如图 2-57 所示。

㉑ 单击"03"图层，使其成为当前操作图层，单击图层面板下方的"删除图层"按钮，如图 2-58 所示，删除"03"图层。

图 2-56 单击位置　　　　图 2-57 展开"小球副本"组效果　　　　图 2-58 "删除图层"按钮位置

㉒ 执行【文件】菜单—【置入】命令，置入素材文件中的"Ch07> 素材-清雅轩装饰公司宣传单- 04"文件，缩放置入图像到圆形底图上方，置入并缩放效果如图 2-59 所示，在画布中双击，确定置入过程。

㉓ 执行【图层】菜单—【创建剪贴蒙板】命令，剪贴蒙板创建效果如图 2-60 所示。

㉔ 同理制作其他小球修饰图层组，制作效果如图 2-61 所示，图层面板状态如图 2-62 所示。

图 2-59  "04"素材图片置入并缩放过程

图 2-60  "04"图层剪贴蒙板创建效果

图 2-61  其他小球修饰图层组制作效果

图 2-62  图层面板状态

㉕ 执行【Ctrl+S】组合键，以 PSD 格式保存图像。

## 任务 3  制作公司地理位置并添加文字

### ◇ 先睹为快

本任务效果如图 2-63 所示。

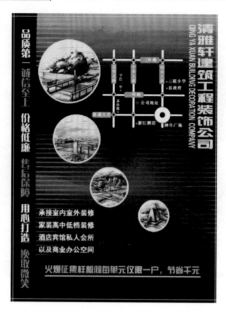

图 2-63　公司地理位置及文字添加效果

## ✧ **技能要点**

多边形工具
矩形工具
直排文字工具

## ✧ **知识与技能详解**

### 1. 多边形工具

选中多边形工具■时，在图像窗口中拖动鼠标左键即可建立任意大小的多边形或星形形状图形和路径。其属性栏如图 2-64 所示。多边形工具属性栏部分属性说明如下所述。

图 2-64　多边形工具属性栏

多边形选项：单击此按钮，可以打开如图 2-65 所示的多边形选项参数设置。

- 半径：设置所绘制的多边形的边的长度，如半径设置为 5 时，绘制的多边形如图 2-66 （1）所示。
- 平滑拐角：当选中此选项时多边形的连接点被平滑。
- 星形：当此项被选中时，将绘制星形形状。
- 缩进边依据：用来定义星形的缩进量，数值越大，星形的缩进效果越明显。
- 平滑缩进：选中此复选框时，尖锐凹进将被圆形凹进取代。

如：半径设置为 5 时，其他选项不选择时，绘制的多边形如图 2-66（1）所示；只选择"平滑拐角"选项时，绘制的多边形如图 2-66（2）所示；只选择星形选项，绘制的多边形形状如图 2-66（3）所示；选择星形选项并选择平滑缩进时，绘制的多边形形状，如图 2-66（4）所示；选择星形形状，并只选择平滑拐角时，绘制的多边形形状如图 2-66（5）所示；所有选项都选中时，绘制的多边形形状如图 2-66（6）所示。

　　边：设置所绘制的多边形的边数。

图 2-65　多边形选项　　　　　　图 2-66　"五边形"参数不同所绘制的形状效果

### 2. 矩形工具

矩形工具是工具箱上形状工具组中默认的工具，当选中矩形工具▦，在图像窗口中拖动鼠标左键即可建立任意大小的矩形形状图形或路径。其属性栏如图 2-67 所示。从矩形工具的属性栏中，我们看到其属性选项与椭圆工具属性相同。

图 2-67　矩形工具属性栏

### 3. 直排文字工具

直排文字工具▯T可以在图像中创建垂直方向的文字。单击工具箱中的"直排文字按钮"▯T，它的属性栏如图 2-68 所示。该属性栏中各项参数与横排文字工具的设置基本相同，只是对齐方式将变为顶对齐▥、居中对齐▥、底对齐▥。

图 2-68　直排文字工具属性栏

选择直排文字工具在图像中单击，出现输入光标后即可输入文字，输入时可以使用回车键换行，在输入过程中随时可以通过"切换文本取向"按钮▯T来切换文字排列的方向，输入文字时文字工具属性栏如图 2-69 所示，增加了两个按钮："提交所有当前编辑"按钮✔和"取消所有当前编辑"按钮⊘。

图 2-69　输入文字过程中文字工具属性栏

　　若要结束输入可按 Ctrl+回车键（或点击选项栏的"提交当前所有编辑"按钮✔）完成文本编辑。若要放弃本次输入内容，可按"取消所有当前编辑"按钮⊘（或执行【ESC】键）。当处理一行文本时按下【Ctrl】键，则会为文本添加一个变换框，通过变换框可以重新设置文本的位置和大小，而无需先提交编辑。Photoshop CS6 将文字以独立的文字图层的形式存放，输入文字后将会自动建立一个文字图层，图层名称就是文字的内容。直排文字与横排文字效果如图 2-70 所示。

横排文字

直排文字　zhipaiwenzi

hengpaiwenzi

图 2-70　直排文字与横排文字效果

### ◇ **任务实现**

① 执行【文件】菜单—【打开】命令，打开任务 2 中制作的 PSD 格式文件。

② 单击图层面板下方的"创建组"按钮，生成新的图层组并将其命名为"公司地址"，选择【工具面板】中的【圆角矩形工具】，其属性设置如图 2-71 所示，绘制一个如图 2-72 所示的圆角矩形形状，并生成"圆角矩形 1"形状层。

③ 执行【CTRL+J】组合键两次，生成两个"圆角矩形 1"副本层，选择【工具面板】中的【移动工具】，移动两个副本层到如图 2-73 所示的位置。

图 2-71　圆角矩形工具属性设置

图 2-72　"圆角矩形 1"形状层绘制效果　　　　图 2-73　"圆角矩形 1"形状副本层移动效果

④ 选择【工具面板】中的【圆角矩形工具】，继续绘制一个如图 2-74 所示的圆角矩形形状，并生成"圆角矩形 2"形状层。

⑤ 执行【Ctrl+J】组合键两次，生成两个"圆角矩形 2"副本，选择【工具面板】中的【移动工具】，移动两个副本层到如图 2-75 所示的位置。

⑥ 按住【Shift】键，鼠标左键单击【圆角矩形 1】，选择"圆角矩形 1"形状层到"圆角矩形 2 副本 2"形状层之间的所有图层，选择效果如图 2-76 所示，执行【Ctrl+E】组合键，合并选择的图层，并将合并后的形状层重命名为"底图"，形状层重命名效果如图 2-77 所示。

⑦ 选择【工具面板】中的【路径选择工具】，单击"路径选择工具"属性栏中的"路径操作"列表框中的"合并形状组件"属性，如图 2-78 所示，合并"底图"形状层路径。

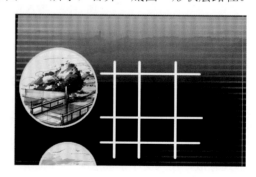

图 2-74　"圆角矩形 2"形状层绘制效果　　　　图 2-75　"圆角矩形 2"形状副本层移动效果

图 2-76 图层选择效果

图 2-77 形状层合并并重命名效果

图 2-78 路径选择工具属性选择

⑧ 选择【工具面板】中的【椭圆工具】 ⬭ ，其属性设置如图 2-79 所示，绘制一个如图 2-80 所示的椭圆形状，并生成"椭圆 1"形状层。

图 2-79 "椭圆工具"属性设置

⑨ 双击"椭圆 1"形状层，在弹出的"图层样式"对话框中选择"描边"样式，参数设置如图 2-81 所示，设置效果如图 2-82 所示。

⑩ 执行【Ctrl+J】组合键 7 次，生成 7 个"椭圆 1"副本，选择【工具面板】中的【移动工具】 ▶⊕ ，移动副本层到如图 2-83 所示的位置。

⑪ 按住【Shift】键，鼠标左键单击【椭圆 1】，选择"椭圆 1"形状层到"椭圆 1 副本 7"形状层之间的所有图层，执行【Ctrl+E】组合键，合并选择的图层，并将合并后的形状层重命名为"椭圆 1"。

⑫ 选择【工具面板】中的【路径选择工具】 ▶ ，单击"路径选择工具"属性栏中的"路径操作"列表框中的"合并形状组件"属性，合并"椭圆 1"形状层路径。

⑬ 选择【工具面板】中的【椭圆工具】 ⬭ ，其属性设置如图 2-84 所示，绘制一个如图

2-85 所示的椭圆形状，并生成"椭圆 2"形状层。

⑭ 在"椭圆 1"形状层上单击鼠标左键，在弹出的快捷菜单中选择"拷贝图层样式"选项，在"椭圆 2"形状层上单击鼠标右键，在弹出的快捷菜单中选择"粘贴图层样式"选项，图层样式粘贴效果如图 2-86 所示。

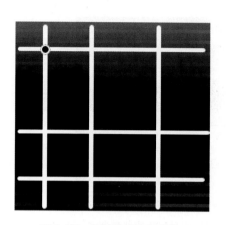

图 2-80  椭圆形状绘制效果

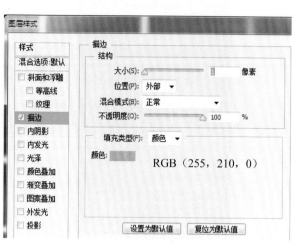

图 2-81  "描边"样式参数设置

图 2-82  "描边样式"设置效果

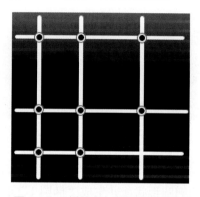

图 2-83  "椭圆 1"复制并移动效果

图 2-84  椭圆选框工具属性栏设置

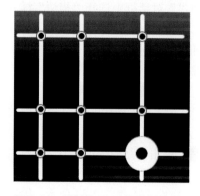

图 2-85  "椭圆 2"形状绘制效果

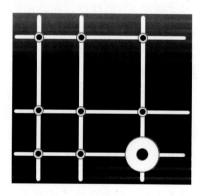

图 2-86  "图层样式"粘贴效果

⑮ 选择【工具面板】中的【圆角矩形工具】 ，属性栏设置如图 2-87 所示，绘制一个如图 2-88 所示的圆角矩形，并生成"圆角矩形 1"形状层。

⑯ 选择【工具面板】中的【横排文字工具】，文字大小设置为 12 点，字体为"宋体"，适当调整字符间距，输入如图 2-89 所示的文字内容，

图 2-87  "圆角矩形工具"属性栏设置

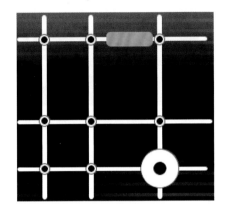

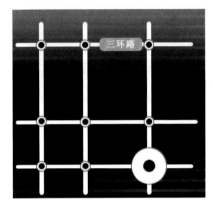

图 2-88  "圆角矩形"绘制效果 　　　　　　图 2-89  文字内容输入效果

⑰ 按住【Ctrl】键，同时选择"圆角矩形 1"形状层和"三环路"文字层，执行【Ctrl+J】组合键两次，生成形状层副本和文字层副本，并对副本做如图 2-90 所示修改。

⑱ 同理制作如下所示的形状层和文字层，如图 2-91 所示。

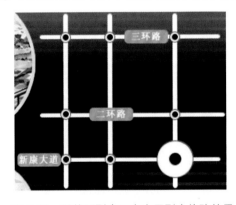

图 2-90  形状层副本及文字层副本修改效果 　　　图 2-91  形状层及文字层制作效果

⑲ 选择【工具面板】中的【多边形工具】，其属性设置如图 2-92 所示，绘制一个如图 2-93 所示的红色五角星标识。

图 2-92  多边形工具属性栏设置

⑳ 选择【工具面板】中的【横排文字工具】，输入如图 2-94 所示的"公司地址"文字内容。

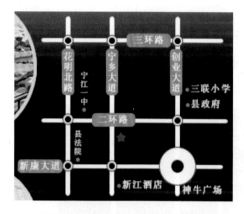
图 2-93 "五角星"标识绘制效果

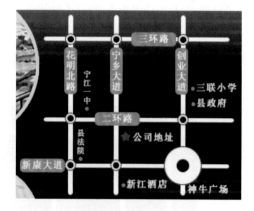
图 2-94 "公司地址"文字内容输入效果

㉑ 单击图层面板下方的"创建组"按钮，生成新的图层组并将其命名为"宣传文字"。

㉒ 选择【工具面板】中的【直排文字工具】，文字大小设置为 28，字体为"迷你简粗倩"，字体颜色为白色和橘黄色 RGB（225，130，10）相交叉，输入如图 2-95 所示的段落文字内容。

㉓ 同理输入如图 2-96 所示的公司名称和公司拼音段落文字内容，字体为"方正综艺简体"，字体颜色为绿色 RGB（220，255，0），中文字体大小为 30 点，英文字体大小为 14 点，执行【Alt+→】组合键，适当调整字符间距。

图 2-95 "品质第一"等文字内容输入效果

图 2-96 "公司名称"和"公司拼音"输入效果

㉔ 选择【工具面板】中的【横排文字工具】，输入如图 2-97 所示的公司简介段落文字内容，字体为黑体，大小为 20 点，颜色为白色，加粗设置。

㉕ 设置前景色为棕色 GRG（45，5，5），选择【工具面板】中的【矩形工具】，绘制如图 2-98 所示的矩形形状，并生成"矩形 1"形状层。

图 2-97 "公司简介"文字内容输入效果　　　　图 2-98 "矩形"形状绘制效果

㉖ 选择【工具面板】中的【横排文字工具】，输入如图 2-99 所示的"广告语"段落文字内容，字体为"方正综艺简体"，大小为 24 点，颜色为浅粉红色 RGB(250,160,160)，其中"仅限一户"文字内容颜色为黄色 RGB（250，195，40）。

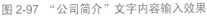

图 2-99 "广告语"文字内容输入效果

㉗ 选择【工具面板】中的【直线工具】 ，绘制如图 2-100 所示的直线形状，直线粗细为 3 像素，颜色为绿色 RGB（220，255，0）。

图 2-100 "直线"绘制效果

㉘ 选择【工具面板】中的【横排文字工具】，输入如图 2-101 所示的"公司电话号码"段落文字内容，字体为"方正综艺简体"，大小为 14 点，颜色为白色。

图 2-101 "公司电话号码"文字内容输入效果

㉙ 执行【Ctrl+S】组合键，保存图像。

## ✧ 项目总结和评价

用户通过本项目的学习，能够使用户对宣传单的制作与设计有了一个基本的认识，除了加深对选区和图层的综合运用之外，对形状工具的运用也能有更深的认识，还可以掌握去色、曲线调整命令的使用、掌握直线工具、多边形工具、矩形工具、直排文字工具的使用方法和技巧、掌握图层蒙版的建立、编辑的方法和技巧，希望用户在熟练制作本项目内容的基础上，能够举一反三，为将来在实际工作中的制作与设计打下坚实的基础。

# 思考与练习

**1. 思考题**

（1）如何建立图层蒙版？

（2）曲线调整命令的作用有哪些？

**2. 操作题**

（1）利用图层蒙板将图 2-102～图 2-104 所示素材图片 1、素材图片 2 和素材图片 3 合成如图 2-105 所示效果。

图 2-102　素材图片 1

图 2-103　素材图片 2

图 2-104　素材图片 3

图 2-105　图片合成效果

（2）上网查找资料制作一张食品宣传单。

项目 3

# 标志制作

✍ **项目目标**

通过本项目的学习和实施，需要理解、掌握和熟练下列知识点和技能点：

掌握图层混合模式与不透明度、图层样式、图层对齐与连接、图层合并的使用方法；

让学生通过案例操作在实际中能灵活应用图层功能对图像进行多种方法的编辑；

掌握路径的相关操作，并能熟练运用路径工具进行图像编辑。

✍ **项目描述**

标志是企业日常经营活动、广告宣传、文化建设、对外交流必不可少的元素，它随着企业的成长，其价值也不断增长，标志对公司的识别和推广有巨大的作用，通过形象的标志可以让消费者快速记住公司主体和品牌文化。标志以其简约、优美的造型语言，体现着品牌的特点和企业的形象。本项目通过带领读者一起完成金属质感效果的环形东风汽车标志和校庆标志的制作来体验 Photoshop 的强大功能。掌握 Photoshop，可以让您随心所欲表达自己的创意与想法。

## 任务1 制作金属质感效果的环形东风汽车标志

### ◇ 先睹为快

本任务效果如图 3-1 所示。

图 3-1　金属质感的环形东风汽车标志绘制效果

## ❖ 技能要点

"颜色叠加"样式

"渐变叠加"样式

路径的布尔运算

## ❖ 知识与技能详解

### 1. LOGO 标志背景知识

（1）LOGO 标志简介

标志的英文单词为"Symbol"，即为符号、记号之意，与"象征"为同一词，是一种图形传播符号，将具体的事物、事件、场景和抽象的精神、理念、方向通过特殊的图形固定下来，以精练的形象向人们传达企业精神、产业特点等含义。标志作为企业 CIS 战略的最主要部分，在企业形象传递过程中，是应用最广泛、出现频率最高，同时也是最关键的元素。

（2）标志设计原则

好的标志设计，能将企业的精神、理念、所追求方向通过特殊的图形、文字固定下来，使人们在看到标志的同时，自然联想到企业，并对企业产生认同， 在标志的设计过程中要注意以下几个重要的原则。

① 创新性原则。在标志设计过程中,要尝试多种不同风格挑出最适合的作品,尝试多样的颜色组合直到发现真正新颖独特的组合。只有找到新颖独特的风格才能让人过目不忘，才能体现自己的设计特色，在创作过程中可以借鉴其他作品来寻找灵感，但不是模仿甚至抄袭其他设计或者风格，唯有创新才能脱颖而出。

② 定位原则。标志设计的定位源于品牌定位，标志设计一定要符合品牌定位，一个错位的表达显然是失败的，并非每个标志都要以设计得"高、大、上"为最终目标，更重要的是标志有没有最恰当地体现了品牌理念及形象，最合适的才是最好的。

③ 小尺寸能良好显示原则。对于标志设计，尺寸的设定也相当重要。一个标志必须在缩放到任何尺寸时都能看起来清晰可阅。如果一个标志被缩小后用于信头、信封或其他小型的推广物上时清晰度过低，那么这个标志就是不成功的。同样标志在放大后用于海报、广告牌或电子格式出现在电视、网络上时，也必须十分清晰容易辨认。

（3）案例分析

在本任务中借鉴了东风汽车标志的原型，东风汽车品牌标识的核心形象是两只环绕椭圆、展翅高飞的春燕。翩翩起舞的双燕，既是春风送暖的象征，又是寄托着东风人全部情与思的吉祥物，一个代表传承，一个代表创新，既表明东风精神的血脉传承和对东风新事业的激情拓展，又喻示着中西汽车文明的和谐交融。东风汽车标志，以艺术变形手法，取燕子凌空飞翔时的剪形尾羽作为图案基础。它格调新颖，寓意深远，使人自然联想到东风送暖，春光明媚，神州大地生机盎然，给人以启迪和力量。二汽的"二"字寓意于双燕之中（东风原为中国第二汽车制造厂）。

### 2."颜色叠加"样式

"颜色叠加"样式是一个应用比较简单的样式，它的作用是为当前图层中的内容叠加指定的颜色，还可以对颜色设置不透明度和混合模式指定颜色叠加效果。"颜色叠加"样式对话框主要参数设置如图 3-2 所示。按照参数设置，添加"颜色叠加"后的效果如图 3-3 所示。

图 3-2 "颜色叠加"样式参数设置　　　　图 3-3 "颜色叠加"样式前后对比效果

**3. "渐变叠加"样式**

"渐变叠加"样式是为当前图层中的内容叠加指定的渐变色。"渐变叠加"样式对话框主要参数设置如图 3-4 所示。按照参数设置添加"渐变叠加"样式前后对比效果如图 3-5 所示。主要参数说明如下所述。

渐变：用于设置渐变颜色。单击渐变右侧的三角图标"▼"，可以在如图 3-6 所示的渐变预览框中选择固定的渐变颜色。单击"渐变编辑栏"可以打开如图 3-7 所示的"渐变编辑器"，用户可以自行编辑"渐变色"。后面的"反选"选项选中时，可以将编辑好的渐变色对调。

● 样式：用于设置渐变的形式，包括线性、径向、角度、对称的、菱形五种样式。设置不同样式时"渐变叠加"产生的渐变效果如图 3-8 所示。

● 角度：用于设置渐变叠加的方向。角度分别设置为 45°与 90°时，"渐变叠加"样式对比效果如图 3-9 所示。

● 缩放：用于设置渐变色的覆盖范围，缩放值分别设置为 50%与 150%时，"渐变叠加"样式对比效果如图 3-10 所示。

图 3-4 "渐变叠加"样式主要参数　　　图 3-5 "渐变叠加"样式添加前后对比效果

图 3-6 渐变预览　　　　　图 3-7 "渐变编辑器"

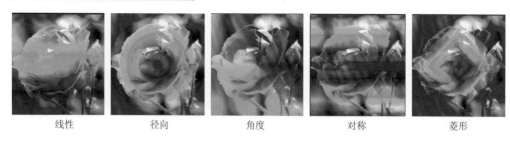

| 线性 | 径向 | 角度 | 对称 | 菱形 |

图 3-8　选择不同样式时产生的渐变效果

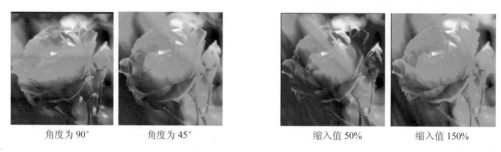

| 角度为 90° | 角度为 45° | | 缩入值 50% | 缩入值 150% |

图 3-9　角度值不同"渐变叠加"样式效果　　　图 3-10　缩放值不同"渐变叠加"样式效果

### 4. 路径的布尔运算

同选区类似，路径或形状也可以进行"布尔运算"。在同一个"路径"或"形状"层上，通过"布尔运算"，使新绘制的"路径"或"形状"与现有的"路径"或"形状"之间进行相加、相减、相交或排除相交区域运算来形成新的"路径"或"形状"。单击"钢笔"工具或"形状"工具属性栏中的"路径操作"按钮 ，在弹出的如图 3-11 所示的下拉菜单中选择相应的命令即可进行布尔运算。

图 3-11　"钢笔工具"属性栏"路径操作"属性

① 新建图层：当通过"钢笔工具"或"形状工具"将"工具模式"属性选择"形状"属性时如图 3-12 所示，"新建图层"选项处于可操作状态，当选择此选项时，每次绘制形状，都会在图层面板中创建一个新的"形状图层"，如图 3-13 所示。

图 3-12　"钢笔工具"属性栏"工具模式"属性

② 合并形状：当选择"合并形状"时，"工具模式"属性设置为"形状"，将会把新绘制的形状自动添加到当前形状所在的形状层中，不会建立新的"形状层"，如图 3-14 所示。

"工具样式"属性设置为"路径"时，会将新绘制的路径添加到当前路径中，如图 3-15 所示。

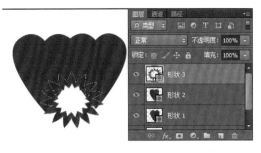  

图 3-13  "新建图层"选项形状层绘制效果    图 3-14  "合并图层"选项绘制形状层效果

③ 减去顶层形状：选择"减去顶层形状"选项时，"工具模式"属性设置为"形状"，将会把新绘制的形状自动合并到当前形状所在的形状层中，并从原有形状中减去后绘制的形状区域，如图 3-16 所示。"工具样式"属性设置为"路径"时，会将新绘制的路径从原有路径中减去，如图 3-17 所示。

④ 与形状区域相交：选择"与形状区域相交"选项时，"工具模式"属性设置为"形状"，将会把新绘制的形状自动合并到当前形状所在的形状层中，并保留形状重叠部分，如图 3-18 所示。"工具样式"属性设置为"路径"时，会将新绘制的路径从原有路径中重叠部分保留，如图 3-19 所示。

图 3-15  "合并形状"绘制路径效果    图 3-16  "减去顶层形状"绘制形状层效果

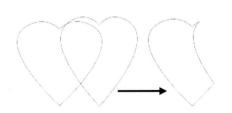  

图 3-17  "减去顶层形状"绘制路径效果    图 3-18  "与形状区域相交"  绘制形状层效果

⑤ 排除重叠形状：选择"排除重叠形状"选项时，"工具模式"属性设置为"形状"，将会把新绘制的形状自动合并到当前形状所在的形状层中，并减去形状重叠部分，保留多次所绘制形状的不重叠部分，如图 3-20 所示。"工具样式"属性设置为"路径"时，会将新绘制的路径与原有路径中重叠部分减去。

⑥ 合并形状组件：用于进行布尔运算的多个形状层或多条路径合并成一个形状层路径或一条路径。

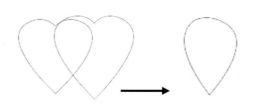  

图 3-19 "与形状区域相交"绘制路径效果　　　图 3-20 "排除重叠形状"绘制形状层效果

### ✧ 任务实现

① 执行【文件】菜单—【新建】命令，弹出 "新建"对话框，建立一个名称为"金属质感效果的环形东风汽车标志"，宽度为 18cm，高度为 18cm，分辨率为 72 像素/英寸（印刷尺寸 300 像素/英寸），颜色模式为 RGB，背景内容为白色的新画布，如图 3-21 所示，单击"确定"按钮。

② 设置前景色为深灰色 RGB（70，70，70），执行【Alt+Delete】组合键，填充背景层。鼠标移动到水平标尺上向下拖曳建立一条水平参考线，移动到垂直标尺上向右拖曳建立一条垂直参考线定位画布中心，定位效果如图 3-22 所示。

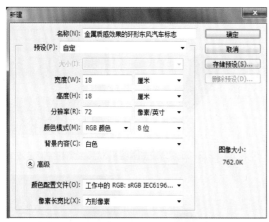 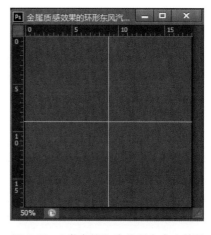

图 3-21 "新建"对话框　　　　　　图 3-22 "参考线"定位画布中心效果

③ 执行【Ctrl+Alt+Shift+N】组合键，新建图层并将其命名为"外圈圆形"。

④ 选择【工具面板】中的【椭圆工具】，在属性栏中选择"像素"属性，鼠标移动到画布中点位置，按住【Alt+Shift】组合键拖曳鼠标左键，建立一个如图 3-23 所示的正圆。

图 3-23 正圆绘制效果

⑤ 按住【Ctrl】键，单击图层面板"外圈圆形"的缩略图，载入"外圈圆形"的选择区域，执行【选择】菜单—【变换选区】命令（或【Alt+S+T】组合键），为选区添加自由变换框，按住【Alt+Shift】组合键，等比例变换选区到如图 3-24 所示的位置，按【Enter】键，确认变换。

⑥ 执行【图层】菜单—【图层蒙板】—【隐藏选区】命令，得到如图 3-25 所示的圆环效果。

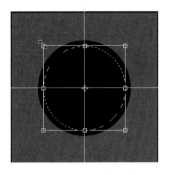
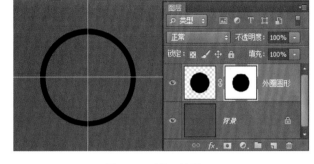

图 3-24　自由变换过程　　　　　　　　　　图 3-25　圆环效果

⑦ 双击图层面板中的"外圈圆形"图层，在弹出的图层样式对话框中，选择"颜色叠加"样式，叠加颜色为深灰色 RGB(50,50,50),"颜色叠加"样式参数设置及"颜色叠加"样式设置效果如图 3-26 所示。

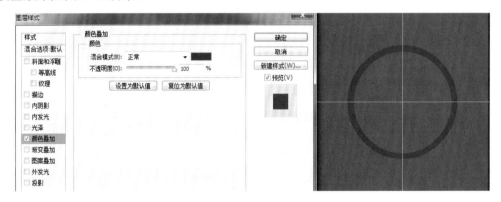

图 3-26　"颜色叠加"样式参数设置及效果

⑧ 继续单击"图层样式"对话框"样式"列表中的"斜面和浮雕"样式：样式为内斜面；方法为平滑；深度为 550%；方向，向上；大小，32 像素；软化；2 像素。角度，100°；高度，32°；光泽等高线，锥形-反转；高光不透明度，39%；阴影不透明度，75%。"斜面和浮雕"样式参数设置及"斜面和浮雕"样式效果如图 3-27 所示。

⑨ 继续单击 "图层样式"对话框"样式"列表中的"内发光"样式：混合模式，颜色减淡。不透明度，75%；颜色，白色；阻塞，0；大小，2。"内发光"样式参数设置及"内发光"样式设置效果如图 3-28 所示。

⑩ 继续单击 "图层样式"对话框"样式"列表中的"投影"样式：混合模式，正片叠底；不透明度，75%；角度，90，取消"使用全局光"；距离，0，扩展，0；大小，15。"投影"样式参数设置及"投影"样式效果如图 3-29 所示。

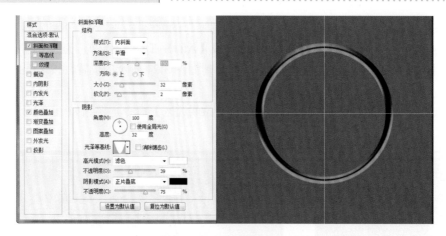

图 3-27 "斜面和浮雕"样式参数设置及设置效果

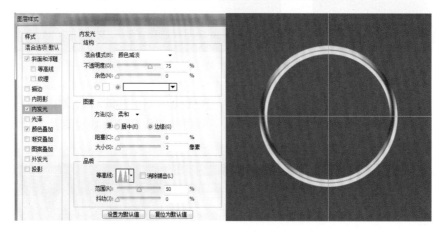

图 3-28 "内发光"样式参数设置及设置效果

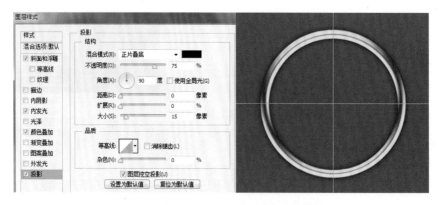

图 3-29 "投影"样式参数设置及设置效果

⑪ 单击"背景层"使其成为当前操作图层,执行【Ctrl+Alt+Shift+N】组合键新建图层并将其命名为"内圈底色"。

⑫ 按住【Ctrl】键,鼠标左键单击如图 3-30 所示的"图层蒙版缩览图",载入如图 3-31 所示的选择区域。

⑬ 执行【选择】菜单—【反向】命令(或执行【Ctrl+Shift+I】组合键),获得当前选择

区域的相反区域，如图 3-32 所示。

 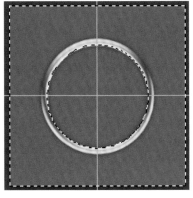 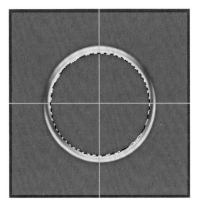

图 3-30　鼠标左键单击位置　　　图 3-31　载入选区效果　　　图 3-32　"反向"效果

⑭ 按【D】键，恢复默认的前景色和背景色，执行【Alt+Delete】组合键，用前景色填充"内圈底色"层，执行【Ctrl+D】组合键，取消选择区域，填充效果如图 3-33 所示。

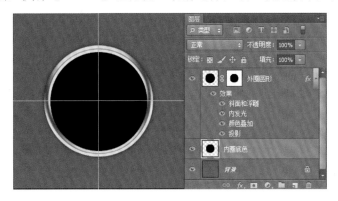

图 3-33　内圈底色填充效果

⑮ 双击"图层面板"中的"内圈底色"图层，在弹出的"图层样式"对话框中，选择"渐变叠加"样式，叠加颜色为黑色到灰色 RGB(110,110,110),勾选"反向"选项，角度 90，缩放 70%。"渐变叠加"样式参数设置及"渐变叠加"样式设置效果如图 3-34 所示。

图 3-34　"渐变叠加"参数设置及效果

⑯ 继续单击 "图层样式"对话框"样式"列表中的"斜面和浮雕"样式：样式，内斜面，深度，8%；大小，8 像素；软化，0 像素；角度，90；高度，16；取消"使用全局光"；高光模式不透明度，98%；阴影模式不透明度，100%。"斜面和浮雕"样式参数设置及"斜面和浮雕"样式设置效果如图 3-35 所示。

⑰ 选择【工具面板】中的【钢笔工具】 ，鼠标左键单击建立如图 3-36 所示的闭合直线段路径。

⑱ 按住【Ctrl】键转换到直接选择工具（或选择【工具面板】中的【直接选择工具】 ），单击路径，显示构成路径的各个锚点。

⑲ 按住【Alt】键转换到转换点工具（或选择【工具面板】中的【转换点工具】 ），调整路径到如图 3-37 所示曲线段路径。每个锚点的位置及方向线状态如图 3-38 所示。

⑳ 选择【工具面板】中的【钢笔工具】 ，单击属性栏中的"合并形状"属性，添加如图 3-39 所示的直线段路径，钢笔工具属性设置如图 3-40 所示。

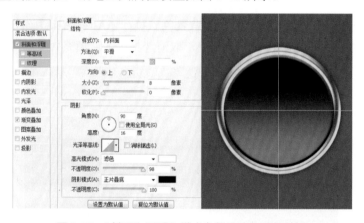

图 3-35  "斜面和浮雕"样式参数设置及设置效果

图 3-36  闭合直线段路径效果

图 3-37  调整效果

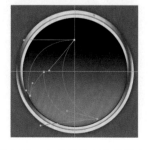

图 3-38  点位置及方向线状态

图 3-39  添加路径效果

图 3-40　钢笔工具属性设置

㉑ 同理调整添加的路径到如图 3-41 所示的形状。

㉒ 单击如图 3-42 所示"路径面板"左侧的下拉菜单选择"建立选区"选项（或执行【Ctrl+Enter】组合键），将路径转换成选区。

㉓ 执行【Ctrl+Alt+Shift+N】组合键，新建图层并将其重命名为"白色标志"，执行【Ctrl+Delete】组合键，用背景色（白色）填充选区，填充效果如图 3-43 所示。执行【Ctrl+D】组合键，取消选择区域。

㉔ 双击"图层面板"中的"白色标志"图层，在弹出的"图层样式"对话框中选择"渐变叠加"样式，渐变颜色从左到右依次为 7% 位置的白色、35% 位置的浅灰色 RGB(160,160,160)、45% 位置的灰色 RGB(130,130,130)、60% 位置的白色、100% 位置的灰色 RGB（110,110,110）。"渐变叠加"样式参数设置及"渐变叠加"样式设置效果如图 3-44 所示。

图 3-41　路径修改效果

图 3-42　"路径面板"下拉菜单

图 3-43　选区填充效果

㉕ 继续单击 "图层样式"对话框"样式"列表中的"斜面和浮雕"样式：样式，浮雕效果；深度，62%；大小，3 像素；软化，0 像素；角度，90；高度，21；取消"使用全局光"；

高光模式不透明度，100%；阴影模式不透明度，100%。"斜面和浮雕"样式参数设置及"斜面和浮雕"样式设置效果如图 3-45 所示。

图 3-44 "渐变叠加"样式参数设置及效果（一）

图 3-45 "斜面和浮雕"参数设置及效果

㉖ 双击"图层面板"中的"背景层"使其转换成普通图层"图层 0"，再次双击"图层面板"中的"图层 0"，在弹出的"图层样式"对话框中选择"渐变叠加"样式，"渐变叠加"样式参数设置及效果如图 3-46 所示。

图 3-46 "渐变叠加"样式参数设置及效果（二）

# 任务2 学院校庆标志设计与制作

## ◇ 先睹为快

本任务效果如图 3-47 所示。

图 3-47 学院校庆标志设计与制作效果

## ◇ 技能要点

路径面板
路径文字

## ◇ 知识与技能详解

### 1. 路径面板

路径面板（【窗口】菜单—【路径】命令）如图 3-48 所示，在路径面板中列出了每条存储的路径，当前工作路径、当前图层所建立的"矢量蒙版"或形状图层所附带的形状路径，路径的主要操作可以通过路径面板下方和路径按钮（从左到右依次为"用前景色填充路径"、"用画笔描边路径"、"将路径作为选区载入"、"从选区生成工作路径"、"添加图层蒙版"、"创建新路径"、"删除当前路径"）或如图 3-49 所示的路径面板下拉菜单实现。

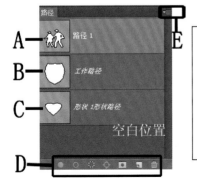

A. 存储的路径
B. 临时工作路径
C. 形状图层路径或矢量蒙版路径
（只有在选中了形状图层或矢量图层时才会出现）
D. 路径按钮
E. 路径下拉菜单打开位置

图 3-48 路径面板        图 3-49 路径面板下拉菜单

（1）路径的显示和隐藏

在"路径"面板中单击路径名，即可显示此路径（一次只能选择一条路径），在"路径"面板的空白区域中单击鼠标左键（或按【Esc 键】），即可将路径隐藏。

 **提示**

路径显示状态下，执行"自由变换"命令时，只能对路径进行相应的自由变换，若要对图层中的像素或形状进行自由变换命令，必须先将工作路径或存储路径隐藏。

（2）新建和存储路径

在没有"新建路径"的情况下用钢笔工具或形状工具所绘制的路径是"工作路径"，"工作路径"也属于临时路径的一种，若要使多条路径并存在路径面板，则需要执行"新建路径"后在新建的路径上绘制路径线段。

"新建路径"的方法可以按住【Alt】键，单击路径面板下方的"新建路径"按钮▣（或执行路径面板下拉菜单中的【新建路径】选项），会弹出如图 3-50 所示的"新建路径"对话框，设置单击"确定"按钮，在路径面板中增加一个新的存储路径，可以在此路径中绘制"路径曲线"。如图 3-51 所示。

图 3-50　"新建路径"对话框　　　　图 3-51　"路径面板"状态

选择"工作路径"单击路径下拉菜单中的"存储路径"选项，可以将"工作路径"或"形状路径"（矢量蒙版路径）转变成"存储路径"，路径面板前后对比状态如图 3-52 所示。

（3）建立选区

路径和选区之间可以相互转换，路径存在作用下，按住【Alt】键单击路径面板中的"将路径作为选区载入"按钮▦（或执行路径下拉菜单中的【建立选区】选项或执行【Ctrl+Enter】组合键），弹出如图 3-53 所示的"建立选区"对话框，设置相关属性后，可以将路径转变成选区进行相应操作。在选区存在的情况下按住【Alt】键单击"从选区生成工作路径"按钮◈（或执行路径下拉菜单中的【建立工作路径】选项），可以将选区转换成路径，然后调整路径的锚点及曲线来改变路径形状。

图 3-52　"临时路径"转换成"存储路径"路径面板状态　　　图 3-53　"建立选区"对话框

（4）描边路径

"描边路径"命令可用于绘制路径的边框，还可以沿着任何路径创建绘画式"描边"效果。使用"描边路径"命令过程如下所述。

① 绘制用于"描边路径"所需要的基础路径（路径可以是开放的也可以是闭合的），如图 3-54 所示。

② 调整用于描边命令所需要的描绘工具属性（如：画笔工具选择了"草"笔刷，大小与间距调整如图 3-55 所示，前景色为红色，背景色为绿色，其他属性默认）。

③ 执行"描边路径"命令（按住【Alt】键，单击路径面板底部的"用画笔描边路径"按钮◎，或者执行路径下拉菜单中的【描边路径】选项打开如图 3-56 所示的"描边路径"对话框)，"描边路径"效果如图 3-57 所示。

④"描边路径"对话框说明："工具"下拉菜单如图 3-58 所示，在其中可以选择用于"描边路径"所需要的描绘工具。"模拟压力"属性选中状态下可以绘制中间粗两端细的描边效果，如图 3-59 所示。

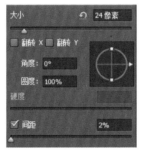

图 3-54　路径绘制效果　　图 3-55　画笔工具属性设置　　　图 3-56　"描边路径"对话框

（5）填充路径

"填充路径"命令作用是使用指定的颜色、图案等来填充路径内部区域。执行路径下拉菜单中的【填充路径】选项，会打开如图 3-60 所示的"填充路径"对话框。单击"确定"按钮，像素会填充在当前操作图层的路径内部区域，填充效果如图 3-61 所示。

图 3-57　"描边路径"效果　　图 3-58　"工具"下拉菜单　　图 3-59　"模拟压力"描边效果

图 3-60 "填充路径"对话框　　　　　　　图 3-61 "填充路径"效果

**2. 路径文字**

路径文字是指沿着路径排列的文字，当路径文字中的路径形状发生变化时，文字的排列方式也会随之改变。

（1）建立环绕圆形路径文字

① 选择【工具面板】中的【椭圆工具】 ，绘制一个如图 3-62 所示的圆形路径。

② 选择文字工具，鼠标指针放到路径上，当指针形状变成如图 3-63 所示曲线时，单击鼠标左键输入文字，那么文字会沿着圆形路径方向环绕，如图 3-64 所示。

（2）调整路径文字位置

按住【工具面板】中的【路径选择工具】（或按住【Ctrl】键，选择【工具面板】中的【横排文字工具】）鼠标指针放到文字上，当鼠标指针形状变成如图 3-65 所示形状时，拖曳鼠标左键，可以改变路径文字的起点位置，如图 3-66 所示。鼠标左键拖曳起点位置向圆的内侧移动，改变文字起点位置与终点位置，可以将路径文字放到圆形路径内侧，如图 3-67 所示。

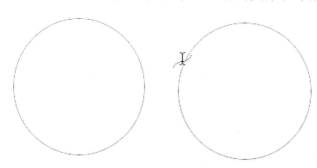

图 3-62 "椭圆路径"绘制效果　图 3-63 鼠标形状　　　图 3-64 环绕圆形路径文字效果

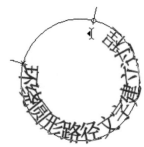

图 3-65 鼠标形状变化　　图 3-66 路径文字起点位置变化效果　图 3-67 文字调整到路径内侧效果

（3）创建曲线或弧线文字

① 选择钢笔工具，选择绘制路径，绘制如图 3-68 所示的曲线开放式路径。

② 切换到文字工具，鼠标指针放到路径上，当鼠标指针变成 形状时单击鼠标左键，输入文字。路径文字制作完成，制作效果如图 3-69 所示，文字调整过程同上所述。

图 3-68　曲线开放式路径绘制效果　　　　　　　图 3-69　曲线文字输入效果

## ✧ 任务实现

① 执行【文件】菜单—【新建】命令，弹出 "新建" 对话框，建立一个名称为 "农经学院校庆标志"，宽度为 10cm，高度为 10cm，分辨率为 300 像素/英寸，颜色模式为 RGB，背景内容为白色的新画布，如图 3-70 所示，单击 "确定" 按钮。

② 如果标尺没有显示，则按【Ctrl+R】显示标尺，鼠标移动到左侧的垂直标尺上向右拖曳建立垂直参考线，同理鼠标移动到上侧的水平标尺上向下拖曳建立水平参考线，定位画布点心点，参考线建立效果如图 3-71 所示。

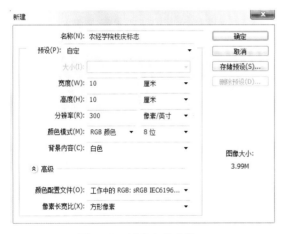

图 3-70　新建文件参数　　　　　　　　　　　图 3-71　参考线建立效果

③ 执行【Ctrl+Shift+Alt+N】组合键，新建图层并将其命名为 "正圆底图"。

④ 选择【工具面板】中的椭圆选框工具，按住【Alt+Shift】键，创建以参考线为中心的正圆。执行【Ctrl+Delete】组合键用 "背景色"（白色）填充选择区域。

⑤ 执行【Ctrl+Shift+Alt+N】组合键，新建图层并将其命名为 "描边" 图层。设置前景色为蓝色 RGB（60，60，150），执行【编辑】菜单—【描边】命令，打开 "描边" 对话框，宽度设置为 12 像素，位置：居外，其他参数默认。"描边" 参数设置及 "描边" 效果如图 3-72 所示。

⑥ 选择【工具面板】中的【椭圆工具】 ，在属性栏中选择 "路径" 属性，如图 3-73 所示，按住【Alt+Shift】组合键，绘制一个以参考线交点为起点的正圆路径，绘制效果如图 3-74 所示。

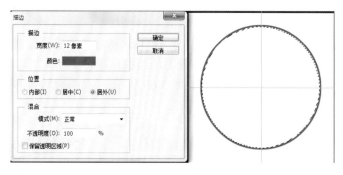

图 3-72　描边参数设置及描边效果

图 3-73　"椭圆工具"属性栏设置

　　⑦ 选择【工具面板】中的【画笔工具】🖌，画笔属性设置如图 3-75 所示，大小为 12像素，硬度 100%。其他默认。

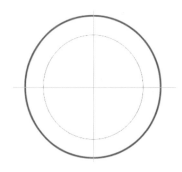

图 3-74　正圆路径绘制效果

图 3-75　"画笔工具"属性设置

　　⑧ 单击如图 3-76 所示的"路径面板"中▼≡按钮，在弹出的下拉菜单中选择"描边路径"选项，弹出如图 3-77 所示的"描边路径"对话框，在工具下拉菜单中选择"画笔"选项，单击"确定"按钮，"路径描边"效果如图 3-78 所示。

　　⑨ 单击路径面板右侧下拉菜单中的"存储路径"选项，在弹出的 "存储路径"对话框中将名称改为"正圆路径"。在如图 3-79 所示"路径面板"的空白位置单击鼠标左键，隐藏"正圆路径"。

图 3-76　路径面板下拉菜单

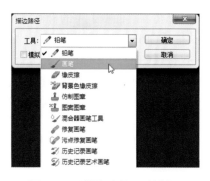

图 3-77　"描边路径"对话框

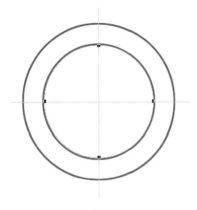

图 3-78　"路径描边"效果　　　　　图 3-79　隐藏路径鼠标单击位置

⑩ 设置前景色为蓝色 RGB（30，40，80），选择【工具面板】中的【矩形工具】，绘制如图 3-80 所示的"矩形形状"并生成"矩形 1"形状层。

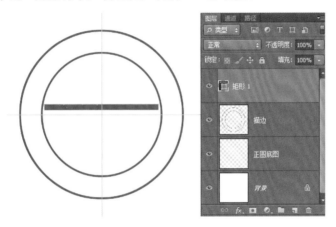

图 3-80　"矩形形状"绘制效果

⑪ 执行【Ctrl+J】组合键三次，复制矩形 1 生成 3 个副本，选择【工具面板】中的【移动工具】，将图层面板中的"形状 1 副本 3"移动并缩放到如图 3-81 所示的位置。

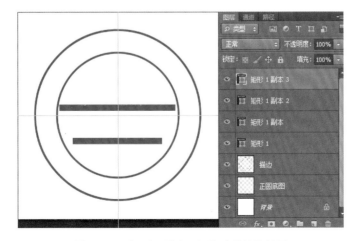

图 3-81　"矩形 1 副本 3"移动并缩放效果

⑫ 按住【Shift】键，单击"图层面板"中的"矩形 1"形状层，选择"矩形 1"形状层及其所有副本层，单击如图 3-82 所示"移动工具"属性栏中的"按顶分布"选项，图层选择状态及分布效果如图 3-83 所示。

⑬ 执行【Ctrl+E】组合键，合并形状及形状副本层，并将其重命名为"长条"层。

图 3-82 "移动工具"属性栏设置

⑭ 执行【Ctrl+Shift+Alt+N】组合键，新建图层并将其重命名为"弧形条"。

⑮ 设置前景色为红色 RGB（230，60，30），选择【工具面板】中的【椭圆工具】，绘制如图 3-84 所示的椭圆形状像素。

⑯ 选择【工具面板】中的【矩形选框工具】，绘制如图 3-85 所示的矩形选区，按【Delete】键，删除选内像素，选区下移，依次删除选区内像素，执行【Ctrl+D】键，取消选择区域，删除效果如图 3-86 所示。

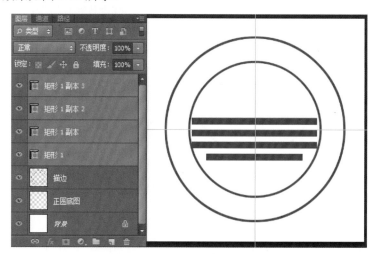

图 3-83 图层选择状态及分布效果

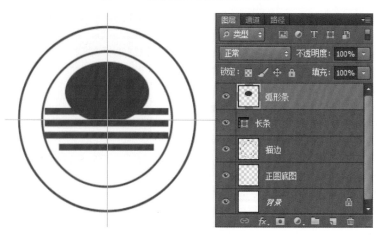

图 3-84 椭圆绘制效果

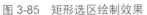

图 3-85 矩形选区绘制效果　　　　　图 3-86 像素删除效果

⑰ 单击路径面板右侧下拉菜单中的"新建路径"选项，在弹出的"新建路径"对话框中将名称命名为"M型路径"。

⑱ 选择【工具面板】中的【钢笔工具】 ，绘制如图 3-87 所示直线段开放式路径。

⑲ 按住【Alt】键，切换到【转换点工具】 （或选择【工具面板】中的【转换点工具】），改变中间"锚点"的类型，并调整该"锚点"的方向线使其转换成如图 3-88 所示的"M 型路径"。

⑳ 选择【工具面板】中的【画笔工具】 ，画笔属性设置如图 3-89 所示，大小为 100 像素，硬度 100% 按下"钢笔大小压力"选项 ，其他默认。

图 3-87 "直线段路径"绘制效果　　　　图 3-88 "M 型路径"效果

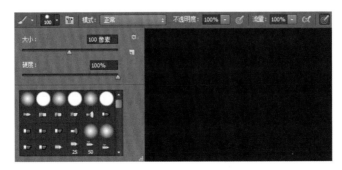

图 3-89 "画笔工具"属性设置

㉑ 执行【Ctrl+Alt+Shift】组合键新建图层，并将其命名为"M 型路径描边"。

单击"路径面板"右侧的"下拉菜单"按钮 ，选择"描边路径"选项，在弹出的如图 3-90 所示的"描边路径"对话框中，工具选择"画笔"选项，选中"模拟压力"选项。单击"确定"按钮，"路径描边"效果如图 3-91 所示。

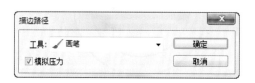

图 3-90 "描边路径"对话框　　　　图 3-91 "路径描边"效果

㉒ 隐藏"M 型路径"。双击"M 型路径描边"图层，在打开"图层样式"对话框中选择 "斜面和浮雕"样式：深度，205%；大小，32 像素；软件，4 像素；角度，110 度；高度， 30 度；其他默认。"斜面和浮雕"参数设置及效果如图 3-92 所示。

图 3-92 "斜面和浮雕"样式参数设置及效果

㉓ 执行【Ctrl+Shift+Alt+N】组合键，新建图层并将其命名为"标识"层，选择【工具面板】中的【椭圆工具】 ，在属性栏中选择"像素"属性，在画布中拖曳鼠标绘制小的椭圆形状像素，执行【Ctrl+T】键，旋转"标识"层像素，椭圆绘制并旋转效果如图 3-93 所示。

㉔ 执行【Ctrl+J】组合键，生成"标识副本"层，执行【编辑】—【变换】—【水平翻转】命令，水平翻转并移动"标识"层到如图 3-94 所示位置。

㉕ 选择【工具面板】中的【矩形工具】 ，在属性栏中选择"像素"属性，在画布中拖曳鼠标继续绘制如图 3-95 所示的矩形形状像素。

图 3-93 椭圆绘制并旋转效果　图 3-94 "标识副本"水平翻转并移动效果　图 3-95 矩形形状绘制效果

㉖ 执行【Ctrl+E】组合键，将绘制的像素合并到"标识"层，双击"标识"层，在弹出的"图层样式"对话框中选择"斜面和浮雕"样式，"斜面和浮雕"样式参数设置及效果如图 3-96 所示。

㉗ 设置前景色为蓝色 RGB（60，60，150），选择【工具面板】中的【横排文字工具】T，输入"1958"文字内容，并通过文字属性面板调整其大小（字体为"Time New Roman"，大小为 34 点），调整的文字效果如图 3-97 所示。

㉘ 切换到路径面板，单击"正圆路径"，使"正圆路径"处于显示状态。

㉙ 选择【工具面板】中的【横排文字工具】T，在文字工具属性栏中设置"字体"为"楷体"，"字体大小"为 24，垂直缩放为 120%，其他属性默认。字符属性设置如图 3-98 所示。

㉚ 鼠标移动到"正圆路径"上，鼠标形状变为如图 3-99 所示形状时，单击鼠标左键，录入"学院"名称，录入效果如图 3-100 所示。单击属性栏中的"提交当前所有编辑"按钮✓，完成当前文字的编辑。

图 3-96  "斜面和浮雕"样式参数设置及设置效果

㉛ 切换到【路径面板】，在路径面板中单击"正圆路径"，执行【Ctrl+T】组合键，为"自由路径"添加自由变换框，按住【Alt+Shift】组合键，将"正圆路径"等比例放大到如图 3-101 所示位置，按【Enter】键，确认变换。

图 3-97  "1958"文字内容输入效果

图 3-98  "字符面板"属性设置

图 3-99 建立"路径文字"鼠标形状变化

图 3-100 "学院名称"文字录入效果。

㉜ 选择【工具面板】中的【横排文字工具】 **T**，输入学院的网址，输入效果如图 3-102 所示。

图 3-101 "正圆路径"变换效果

图 3-102 "网址文字"内容输入效果

㉝ 选择【工具面板】中的【路径选择工具】 ，鼠标移动到"文字起点"位置，鼠标形状变为如图 3-103 所示形状时，拖曳鼠标左键，改变文字起始位置，文字变换到如图 3-104 所示位置时，停止鼠标拖曳。

㉞ 选择【工具面板】中的【移动工具】 ，适当移动文字，最终效果及图层面板状态如图 3-105 所示。

㉟ 执行【Ctrl+S】组合键，以 PSD 格式保存文件。

图 3-103 "移动到文字起点"位置鼠标形状变化

图 3-104 文字位置变化

图 3-105 最终效果及图层面板状态

◇ **项目总结和评价**

用户通过本项目的学习，能够使用户对标志制作与设计有了一个基本的认识，能够巩固加深掌握图层样式的综合运用，掌握"颜色叠加"样式、"渐变叠加"样式的使用方法和技巧，掌握路径面板的使用方法、掌握路径文字的建立及调整方法，希望用户在熟练制作本项目内容的基础上，能够举一反三，为将来在实际工作中的制作与设计打下坚实的基础。

# 思考与练习

**1. 思考题**
（1）路径是由什么构成的？
（2）选区描边与路径描边的区别是什么？
**2. 操作题**
（1）模仿制作如图 3-106 所示的森林防火标志。

图 3-106 森林防火标志

（2）为你所在的院系，设计一个院系标志。

**项目 4**

# 音乐播放器 UI 界面设计

 **项目目标**

通过本项目的学习和实施，需要理解、掌握和熟练下列知识点和技能点：

加深和巩固图层样式的综合运用；

熟练掌握"图案叠加"图层样式的使用方法和技巧；

熟练掌握"添加杂色"、"径向模糊"、"镜头光晕"滤镜的使用方法和技巧；

熟练掌握"柔光"、"颜色"、"深色"图层混合模式的使用方法和技巧；

熟练掌握"反相"调整命令的使用方法和技巧。

 **项目描述**

随着社会发展，用户体验至上的时代已经来临，界面设计也成为一个新兴行业，越来越多的企业开始注重交互设计，如金融、交通、零售等一些行业均需要该类型设计人才。界面设计涉及领域也越来越多，如手机界面、网站门户、播放器界面、系统界面等，在本项目中以音乐播放器 UI 界面设计的实现来体验界面设计流程，同时掌握项目实现过程中涉及的相关知识点与技能点。

## 任务 1 主界面设置

### ◇ 先睹为快

本任务效果如图 4-1 所示。

图 4-1 音乐播放器的"主界面"效果

### ◇ 技能要点

"图案叠加"样式

径向模糊滤镜

"柔光"混合模式

添加杂色

## ✧ 知识与技能详解

### 1."图案叠加"样式

"图案叠加"样式是一个应用比较简单的样式，它的作用是为当前图层中的内容叠加指定的图案，还可以对叠加图案设置不透明度、混合模式，并且可以缩放图案，指定图案叠加效果。"图案叠加"样式对话框主要参数设置如图 4-2 所示。按照参数设置，添加"图案叠加"后的效果如图 4-3 所示。主要参数说明如下所述。

● 图案：用于设置叠加的图案，单击可以打开如图 4-4 所示的"图案选择器"面板，在该面板中可以选择已有的"纹理图案"，也可以单击"图案选择器"右侧的 ✿▾ 图标，从弹出的列表框中选择要载入的图案样式。

● 从当前图案创建新的预设 🗔：单击此按钮，可以将当前图案创建成一个新的预设图案，并存放在"图案选择器"面板中。

● 贴紧原点：以当前图案左上角为原点，将原点对齐图层或文档的左上角。

● 缩放：设置图案的缩放比例。值越大，图案越大；值越小，图案越小，缩放值分别为 10% 和 100% 对比效果如图 4-5 所示。

● 与图层链接：选择该项，将以当前图像为原点来定位图案的原点；撤消该项，则将以图像所在的画布左上角定位图案的原点。

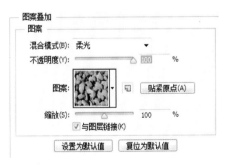

图 4-2　"图案叠加"样式参数设置

图 4-3　"图案叠加"样式前后对比效果

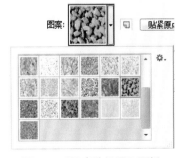

图 4-4　"图案选择器"面板

图 4-5　缩放值分别为 10% 和 100% 对比效果

### 2．径向模糊滤镜

"径向模糊"滤镜可以产生旋转或爆炸的模糊效果，类似于传统摄影的旋转镜和爆炸镜。

其对话框如图 4-6 所示，其参数说明如下所述。

数量：用于设置模糊效果的强度，值越大，模糊效果越强。

模糊方法：有"旋转"和"缩放"两个选择，"旋转"是围绕一个中心形成一个旋转模糊的效果，"缩放"是以模糊中心向四周发射的模糊效果。如图 4-7 所示。

品质：有"草图"、"好"、"最好"三个选项，"草图"模糊执行速度最快便会产生颗粒状的效果，"好"会产生平滑的效果，"最好"产生平滑细腻的效果。如图 4-8 所示。

中心模糊：拖曳"中心模糊"框中的图案可以指定模糊的中心点改变模糊中心点时模糊效果如图 4-9 所示。

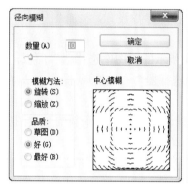

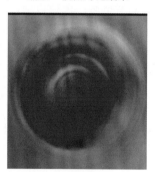

（a）旋转　　　　　　（b）缩放

图 4-6　"径向模糊"对话框　　　　图 4-7　"旋转"和"缩放"模糊对比效果

（a）草图　　　　　　（b）好　　　　　　（c）最好

图 4-8　品质选项对比效果

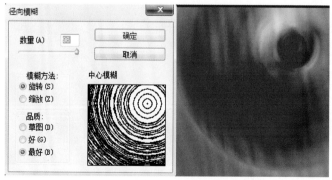

图 4-9　模糊原点发生变化时模糊效果

### 3. "柔光"混合模式

"柔光"混合模式是常用的混合模式之一，它主要是根据混合色的亮度数值选择不同的公式计算得出结果色。混合色亮度数值大于 128 时，结果色就比基色稍亮；亮度数值小于或等于 128，结果色就比基色稍暗。"柔光"混合模式是以基色为主导，混合色只相应改变局部明暗。其中混合色为黑色，结果色不会为黑色，只比结果色稍暗，混合色为中性色，结果色跟基色一样。柔光模式前后对比效果如图 4-10 所示。

基色层                    混合色层                              结果色层

图 4-10  "柔光"混合模式效果

### 4．添加杂色

添加滤镜的功能是可以为图像随机地添加一些杂点，或减少图像中因羽化选区和渐变填充而产生的条纹，其对话框如图 4-11 所示，参数说明如下所述。

数量：用于设置杂点的数量，值越大，杂点越多。

分布：用于设置杂点的分布方式，包含"平均分布"和"高斯分布"两个选项。"平均分布"会随机分布产生杂色，效果相对比较柔和，"高斯分布"，根据高斯钟形曲线进行分布方式来产生杂点，效果比较强烈，效果如图 4-12 所示。

"单色"：勾选该项，杂点只影响原有像素的亮度，像素的颜色不会改变。

图 4-11  "添加杂色"对话框          图 4-12  "高斯分布"效果

## ✧ 任务实现

① 执行【文件】菜单—【新建】命令，弹出 "新建"对话框，建立一个名称为"音乐

播放器 UI 界面设计"，宽度为 600 像素，高度为 450 像素，分辨率为 300 像素/英寸，颜色模式为 RGB，背景内容为白色的新画布，如图 4-13 所示，单击"确定"按钮。

② 设置前景色为深蓝色 RGB（5，30，110），背景色为蓝色 RGB（30，90，170），选择【工具面板】中的【渐变工具】，选择"线性渐变"，从"右上到左上"拖曳鼠标左键，渐变填充画布，填充效果如图 4-14 所示。

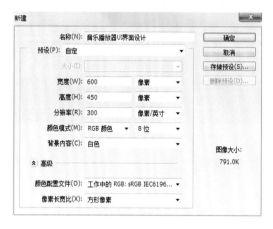

图 4-13 "新建"对话框                    图 4-14 "渐变填充效果"

③ 执行【Ctrl+J】组合键，复制背景层生成"图层 1"。执行【滤镜】—【杂色】—【添加杂色】，设置如下：数量 3%；选择"平均分布"，勾选"单色"选项，单击确定按钮，降低"图层 1"的不透明度到 50%，如图 4-15 所示。

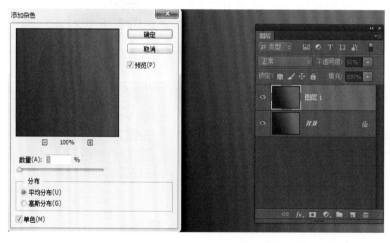

图 4-15 "添加杂色"对话框设置及图层不透明度变化效果

④ 执行【Ctrl+E】组合键，合并"图层 1"到背景层中。

⑤ 执行【Ctrl+Alt+Shift+N】组合键新建图层，并将其重命名为"主界面"层。

⑥ 选择【工具面板】中的【圆角矩形工具】，属性栏中的"工具模式"属性选择"像素"属性，在画布中单击鼠标左键，弹出如图 4-16 所示的"创建圆角矩形"对话框，设置宽度为 480 像素，高度为 140 像素，半径为 10 像素，勾选"从中心"复选框选项，绘制一个如图 4-17 所示的圆角矩形。

图 4-16　"创建圆角矩形"对话框

图 4-17　"圆角矩形"像素创建效果

⑦ 在"图层面板"的"主界面"层上双击，在弹出的图层样式对话框中选择"渐变叠加"样式，调整"渐变叠加"样式中的"渐变"属性，从左到右颜色分别为 0%位置的蓝色 RGB（25，60，140）、10%左右的深蓝色 RGB（5，35，115）、100%处的蓝色 RGB（10，50，135），其他属性默认，"渐变叠加"样式参数设置如图 4-18 所示，"渐变叠加"样式设置效果如图 4-19 所示。

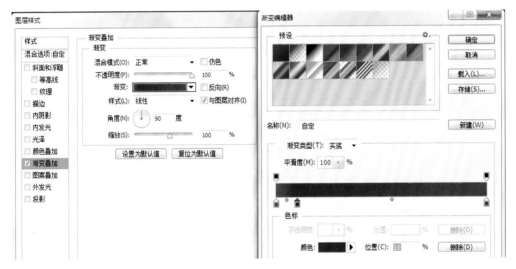

图 4-18　"渐变样式"属性设置过程

图 4-19　"渐变叠加"样式设置效果

⑧ 继续单击"图层样式"对话框"样式"列表中的"描边样式"，大小设置为 1 像素，其他默认。"描边"样式参数设置与设置效果如图 4-20 所示。

⑨ 继续单击"图层样式"对话框"样式"列表中的"内阴影"样式，不透明度设置为 100%，距离为 0，阻塞为 100%，大小为 1 像素，其他默认。"内阴影"样式参数设置与设置效果如图 4-21 所示。

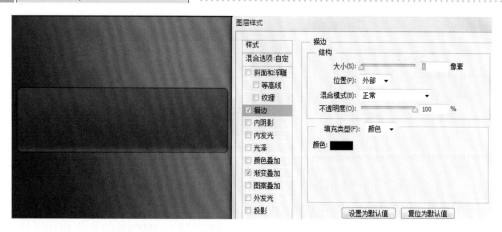

图 4-20 "描边"样式参数设置与"描边"样式设置效果

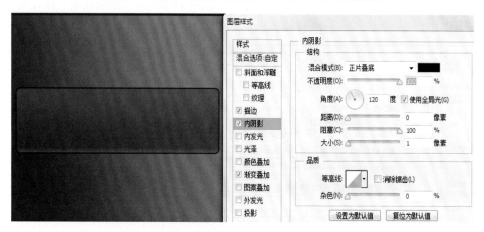

图 4-21 "内阴影"样式参数设置与"内阴影"设置效果

⑩ 执行【Ctrl+Alt+Shift+N】组合键,新建图层并将其命名为"主界面纹理"层。

⑪ 执行【编辑】菜单—填充命令,弹出如图 4-22 所示的"填充"对话框,在使用下拉列表框中选择"50%"的灰色,填充效果如图 4-23 所示。

⑫ 执行【滤镜】菜单—【杂色】—【添加杂色】命令,弹出"添加杂色"对话框,数量设置为 80%,选择"高斯分布"勾选"单色"复选框。设置效果如图 4-24 所示。

⑬ 执行【滤镜】菜单—【模糊】—【径向模糊】命令,弹出如图 4-25 所示的"径向模糊"对话框,数量设置为 100,模糊方法选择"旋转",品质选择"最好",径向模糊效果如图 4-26 所示。

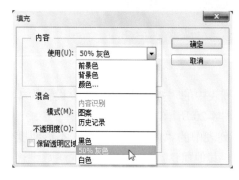

图 4-22 "填充"对话框

图 4-23 "50%"灰色填充效果

图 4-16 "创建圆角矩形"对话框

图 4-17 "圆角矩形"像素创建效果

⑦ 在"图层面板"的"主界面"层上双击，在弹出的图层样式对话框中选择"渐变叠加"样式，调整"渐变叠加"样式中的"渐变"属性，从左到右颜色分别为 0%位置的蓝色 RGB（25，60，140）、10%左右的深蓝色 RGB（5，35，115）、100%处的蓝色 RGB（10，50，135），其他属性默认，"渐变叠加"样式参数设置如图 4-18 所示，"渐变叠加"样式设置效果如图 4-19 所示。

图 4-18 "渐变样式"属性设置过程

图 4-19 "渐变叠加"样式设置效果

⑧ 继续单击"图层样式"对话框"样式"列表中的"描边样式"，大小设置为 1 像素，其他默认。"描边"样式参数设置与设置效果如图 4-20 所示。

⑨ 继续单击"图层样式"对话框"样式"列表中的"内阴影"样式，不透明度设置为 100%，距离为 0，阻塞为 100%，大小为 1 像素，其他默认。"内阴影"样式参数设置与设置效果如图 4-21 所示。

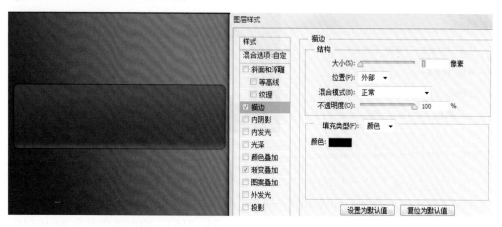

图 4-20 "描边"样式参数设置与"描边"样式设置效果

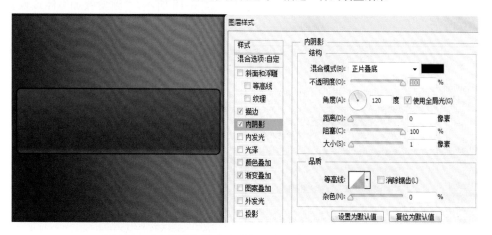

图 4-21 "内阴影"样式参数设置与"内阴影"设置效果

⑩ 执行【Ctrl+Alt+Shift+N】组合键，新建图层并将其命名为"主界面纹理"层。

⑪ 执行【编辑】菜单—填充命令，弹出如图 4-22 所示的"填充"对话框，在使用下拉列表框中选择"50%"的灰色，填充效果如图 4-23 所示。

⑫ 执行【滤镜】菜单—【杂色】—【添加杂色】命令，弹出"添加杂色"对话框，数量设置为 80%，选择"高斯分布"勾选"单色"复选框。设置效果如图 4-24 所示。

⑬ 执行【滤镜】菜单—【模糊】—【径向模糊】命令，弹出如图 4-25 所示的"径向模糊"对话框，数量设置为 100，模糊方法选择"旋转"，品质选择"最好"，径向模糊效果如图 4-26 所示。

图 4-22 "填充"对话框

图 4-23 "50%"灰色填充效果

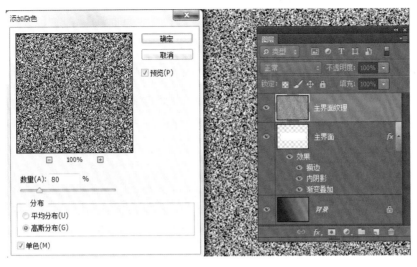

图 4-24 添加杂色对话框及杂色添加效果

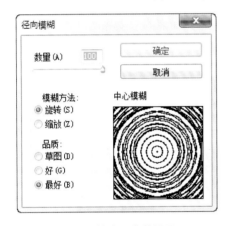

图 4-25 "径向模糊"参数设置

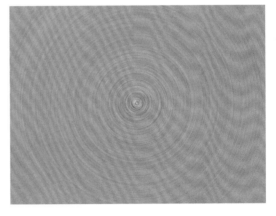

图 4-26 "径向模糊"效果

⑭ 按住【Ctrl】键，单击"主界面"图层缩览图，载入选区，如图 4-27 所示。

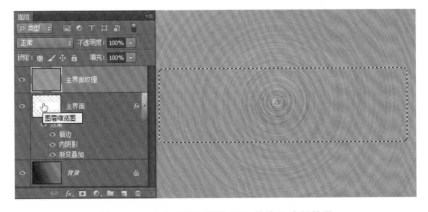

图 4-27 单击"图层缩览图"并载入选区效果

⑮ 选择【工具面板】中的【矩形选框工具】，将选区向上移动。执行【Ctrl+Shift+I】组合键，建立当前选区的相反区域，按【Delete】键，删除选区内像素，删除效果如图 4-28 所示。

⑯ 执行【Ctrl+D】组合键，取消选择区域。选择【工具面板】中的【移动工具】，移动"主界面纹理"层与"主界面"图层重叠，移动效果如图 4-29 所示。

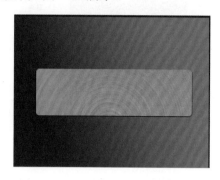

图 4-28　删除像素效果　　　　　　图 4-29　"主界面纹理"层移动效果

⑰ 更改"主界面纹理"层的混合模式为"柔光"，并将不透明度设置为"50%"，图层混合模式及不透明度更改效果如图 4-30 所示。

⑱ 执行【Ctrl+Alt+Shift+N】组合键，新建图层并将其命名为"主界面高光"，选择【工具面板】中的【铅笔工具】，属性栏设置如图 4-31 所示，按住【Shift】，拖曳鼠标左键，在"主界面"像素上方绘制一条如图 4-32 所示的直线。

⑲ 执行【滤镜】菜单—【模糊】—【动感模糊】滤镜，弹出"动感模糊"对话框，设置角度为 0 度，距离为 150 像素，动感模糊效果如图 4-33 所示，动感模糊参数设置如图 4-34 所示。

图 4-30　图层混合模式及不透明度更改效果

图 4-31　"铅笔"工具属性设置

图 4-32　铅笔工具绘制直线效果　　　　　　　　图 4-33　"动感模糊"效果

⑳ 执行【Ctrl+J】组合键，复制"主界面高光"层生成"主界面高光副本"层。选择【工具面板】中的【移动工具】，拖曳"副本"层到"主界面"像素下方，拖曳效果如图 4-35 所示。

㉑ 执行【Ctrl+E】组合键，将"副本"层合并到"主界面高光"层中。

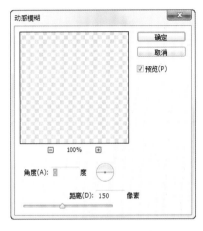

图 4-34　"动感模糊"参数设置　　　　　　　图 4-35　"副本"层移动效果

㉒ 选择【工具面板】中的【矩形选框工具】，绘制如图 4-36 所示的矩形选区。

图 4-36　选择绘制效果

㉓ 按住【Ctrl+Alt+Shift】组合键，单击"主界面"图层缩览图，载入选区，获得"主界面"有像素区域与矩形选区的交集区域，选区效果如图 4-37 所示。

㉔ 执行【Ctrl+Alt+Shift+N】组合键，新建图层并重新命名为"两端特效"。

㉕ 设置前景色为蓝色 RGB（15，45，120），执行【Alt+Delete】组合键，用前景色填充选区。

㉖ 双击图层面板中"两端特效"图层，在弹出的图层样式对话框中选择"斜面和浮雕"样式，"斜面和浮雕"样式参数设置及设置效果如图 4-38 所示。

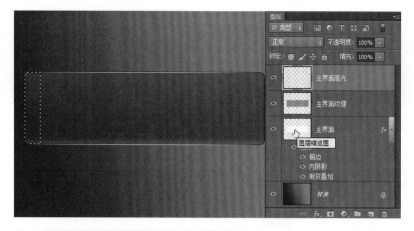

图 4-37　选区载入效果

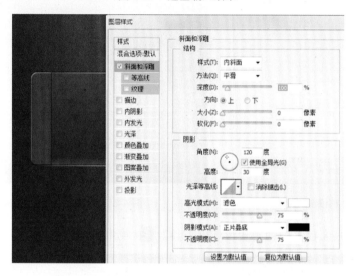

图 4-38　"斜面和浮雕"样式参数设置及设置效果

㉗　继续单击"图层样式"对话框"样式"列表中的"图案叠加"样式，设置混合模式为"叠加"，图案选择"水平排列"，缩放为 15%。"图案叠加"样式参数设置与设置效果如图 4-39 所示。

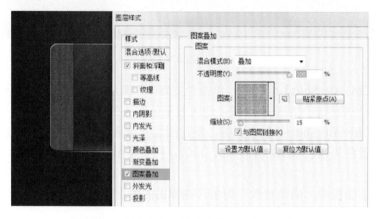

图 4-39　"图案叠加"样式参数设置与设置效果

㉘ 执行【Ctrl+Alt+Shift+N】组合键，新建图层并将其命名为"高光"，同上所述，在新建图层上建立如图 4-40 所示的高光效果，执行【Ctrl+E】组合键，将新建的"高光"层合并到"两端特效"层中。

㉙ 执行【Ctrl+Alt+Shift+N】组合键，新建图层并将其命名为"阴影"层，选择【工具面板】中的【椭圆选框工具】 ，绘制一个如图 4-41 所示的椭圆选区。

㉚ 设置前景色为黑色，执行【Alt+Delete】组合键，填充选区，执行【Ctrl+D】组合键，取消选择区域。

图 4-40　高光绘制效果

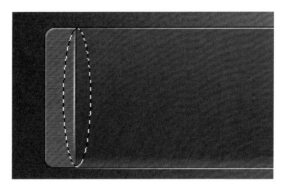

图 4-41　"椭圆选区"绘制效果

㉛ 执行【滤镜】菜单—【模糊】—【高斯模糊】命令，弹出如图 4-42 所示的"高斯模糊"对话框，模糊半径设置为 5 像素。调整"阴影"层不透明度为 30%。

㉜ 选择【工具面板】中的【橡皮擦工具】，擦除"阴影"层多余像素，执行【Ctrl+E】组合键，合并新建的"阴影"层到"两端特效"层中，效果如图 4-43 所示。

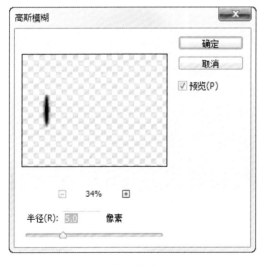

图 4-42　"高斯模糊"对话框

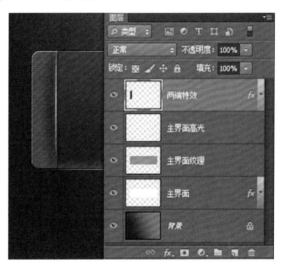

图 4-43　阴影制作效果

㉝ 执行【Ctrl+J】组合键，复制"两端特效"层生成"两端特效副本"层，执行【Ctrl+T】组合键，为"副本"添加自由变换框，在自由变换框中单击鼠标右键，在弹出的快捷菜单中选择"水平翻转"选项，并将其移动到如图 4-44 所示的位置，按【Enter】键，确认变换。

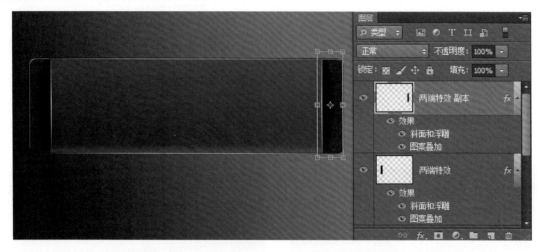

图 4-44　"两端特殊副本"层水平翻转并移动效果

㉞ 按住【Shift】键，单击图层面板中的"主界面层"，选择主界面层到"两端特效副本"层之间的所有图层，如图 4-45 所示，执行【Ctrl+G】组合键（或者【图层】菜单-【图层编组】命令），将选择的图层放到组 1 中，如图 4-46 所示，并将"组 1"命名为"主界面"，如图 4-47 所示。

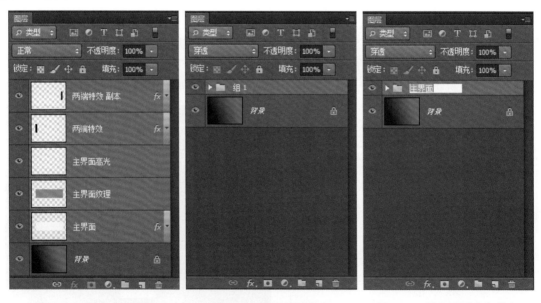

图 4-45　图层选择状态　　　图 4-46　图层编组状态　　　图 4-47　图层组重命名状态

㉟ 执行【文件】菜单—【保存】命令，以 PSD 格式保存文件。

# 任务 2　"界面图标"设计

## ✧ 先睹为快

本任务效果如图 4-48 所示。

图 4-48　音乐播放器的"界面图标"效果

## ✧ 技能要点

形状层羽化
"反相"调整命令
"颜色"混合模式

## ✧ 知识与技能详解

### 1．形状层羽化

在前面学习过程中，我们知道可以通过【选择】菜单-【修改】-【羽化】命令对已经建立的选区进行羽化来实现选区周围像素的过渡效果。在 Photoshop CS4 版本之后，我们可以通过矢量蒙版中的属性面板对形状层直接进行羽化。过程如下所述。

① 打开如图 4-49 所示的"金鼎"素材图片，选择【工具面板】中的【椭圆工具】绘制一个如图 4-50 所示的"椭圆"形状层。

图 4-49　"金鼎"素材图片　　　　　　　图 4-50　椭圆形状绘制效果

② 执行【窗口】菜单—【属性】面板，打开如图 4-51 所示的"属性"面板。

③ 调整"浓度"参数可以设置形状层区域外围的环境色与形状层的颜色一致，浓度值越小，形状层外围的环境色浓度越高。40%（左）浓度与 20%浓度（右）对比效果如图 4-52 所示。

④ 调整羽化值可以使形状层区域路径周围像素向外扩散，产生过渡效果，羽化值越大，扩散像素越多，15 像素羽化值与 50 像素羽化值对比效果如图 4-53 所示。15 像素羽化值 50%

浓度效果如图 4-54 所示。

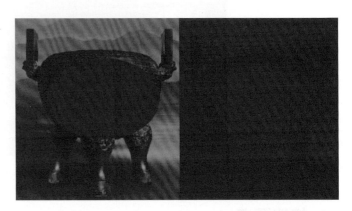

图 4-51 "属性"面板　　　　　　　　图 4-52 "浓度"值不同对比效果

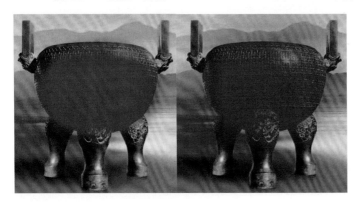

图 4-53　羽化值为 15 像素（左）和 50 像素（右）对比效果　　图 4-54　15 像素羽化值浓度为 50%效果

### 2. "反相"调整命令

"反相"命令可以将图像中的颜色和亮度全部反转，转换为 256 级中相反的值。"反相"命令的特点是将图像中所有颜色以它相反的颜色显示，如黑色变成白色，红色转变成青色，蓝色变成黄色等。执行【图像】菜单—【调整】命令—【反相】命令（或执行【Ctrl+I】组合键）可以执行"反相"命令，"反相"命令前后对比效果如图 4-55 所示。

图 4-55　"反相"命令前后对比效果

### 3."颜色"混合模式

用基色的亮度及混合色的色相和饱和度创建结果色,这样可以保留图像中的灰色调。"颜色"混合模式在给单色图像上色和彩色图像着色方面应用比较广泛。"颜色"混合模式前后对比效果如图 4-56 所示。

图 4-56　"颜色"混合模式效果

## ✧ **任务实现**

① 执行【文件】菜单—【打开】命令,打开"任务 1"中制作的 PSD 文件。单击图层面板底部"创建新组"按钮,新建一个组并将其重新命名为"底部播放等按钮"。执行【Ctrl+Alt+Shift+N】组合键,新建图层并将其命名为"重复"层。

② 选择【工具面板】中的【圆角矩形工具】 ▢ ,属性栏中"工具属性"设置为"像素",半径设置为 5 像素,绘制一个如图 4-57 所示的圆角矩形。

③ 双击图层面板中的"重复"层,在弹出的"图层样式"对话框中分别添加"内阴影"样式,如图 4-58 所示,"渐变叠加"样式,叠加颜色为 0%位置的蓝色 RGB(10,40,120),50%50 位置的深蓝色 RGB(0,30,100),100%位置的蓝色 RGB(10,55,145),如图 4-59 所示,"投影"样式及多种样式设置效果,如图 4-60 所示。

图 4-57　"圆角矩形"绘制效果　　　　图 4-58　"内阴影"样式参数设置

④ 选择【工具面板】中的【横排文字工具】 T ,输入"RP"文字内容,双击"文字"图层,在弹出的"图层样式"对话框中选择"渐变叠加"样式,渐变颜色为浅蓝色 RGB(90,

145，200）到蓝色 RGB（40，100，190）的渐变，设置效果如图 4-61 所示。

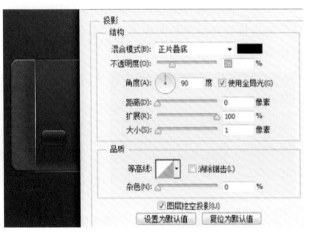

图 4-59 "渐变叠加"样式参数设置　　　　　图 4-60 "投影"样式参数设置及设置效果

⑤ 按住【Ctrl】键，单击图层面板中的"重复"层，同时选中这两个图层，执行【Ctrl+J】组合键 3 次，修改副本层的图层名称、文字副本层的文本内容、图层像素位置，如图 4-62 所示。

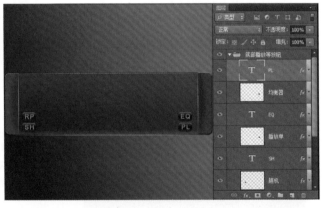

图 4-61 "RP"文字渐变叠加效果　　　　　图 4-62 "副本"层移动并修改效果及图层面板状态

⑥ 选择"重复"层到"PL"文字层之间的所有图层，执行【Ctrl+G】组合键，为图层编组，形成"组 1"，将"组 1"重命名为"4 个按钮"。

⑦ 单击"图层面板"中"创建新组"按钮，新建组并将其重命名为"播放按钮"。

⑧ 选择【工具面板】中的【圆角矩形工具】■，绘制一个圆角矩形，并生成"圆角矩形 1"形状层，将"圆角矩形 1"重命名为"按钮底座"，圆角矩形绘制效果如图 4-63 所示。

⑨ 双击"按钮底座"层，为该层添加"斜面和浮雕"样式，如图 4-64 所示，添加"渐变叠加"样式，渐变颜色设置为起点位置的蓝色（20，65，150），中点位置的蓝色（0，25，100），终点位置的蓝色（10，40，120），"渐变叠加"样式参数设置及样式设置效果如图 4-65 所示。

图 4-63　圆角矩形绘制效果

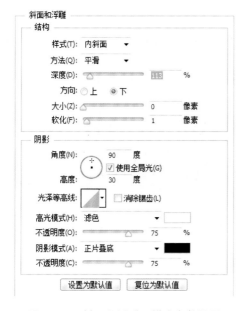

图 4-64　"斜面和浮雕"样式参数设置

图 4-65　"渐变叠加"样式参数设置及设置效果

⑩ 执行【Ctrl+Alt+Shift+N】组合键，新建图层并将其重命名为"竖线高光"层，同上所述，继续绘制如图 4-66 所示的"高光"效果。

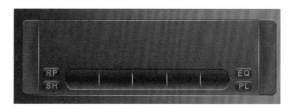

图 4-66　"竖线高光"绘制效果

⑪ 选择【工具面板】中的【椭圆工具】⬤，绘制一个正圆，生成"椭圆 1"形状层，将该形状层重新命名为"播放底座"，如图 4-67 所示。

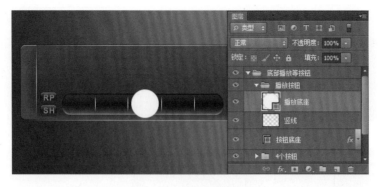

图 4-67 椭圆绘制效果

⑫ 在图层面板中的"按钮底座"图层上单击鼠标右键，在弹出的快捷菜单中选择"拷贝图层样式"选项，在"播放底座"图层上单击鼠标右键，在弹出的快捷菜单中选择"粘贴图层样式"。

⑬ 设置前景色为青色 RGB（130，215，255），绘制如图 4-68 所示的各个按钮。

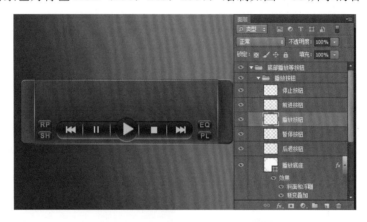

图 4-68 "播放"等按钮绘制效果

⑭ 折叠"底部播放等按钮"组。单击"图层面板"下方"创建新组"按钮，建立新组并将其命名为"播放歌曲及进度"。

⑮ 执行【Ctrl+Alt+Shift+N】组合键，新建图层并命名为"矩形渐变条"，选择【工具面板】中的【矩形选框工具】 ，绘制一个长条矩形，设置前景色为蓝色 RGB（30，115，220），背景色为蓝色 RGB（15，60，145），线性渐变填充矩形选择，填充效果如图 4-69 所示。

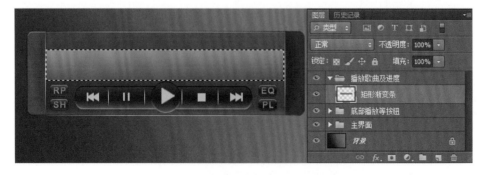

图 4-69 矩形选区绘制并渐变填充效果

⑯ 执行【Ctrl+Alt+Shift+N】组合键，新建图层并命名为"光泽"，选择【工具面板】中的【矩形选框工具】 ▣，绘制一个小一些的矩形选择，填充白色，将"光泽"层不透明度降低到 10%，选区绘制及填充效果如图 4-70 所示。

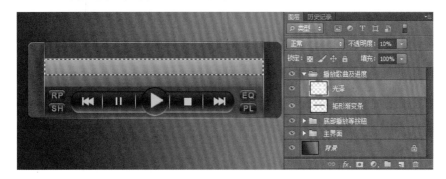

图 4-70　"光泽层"选区绘制并填充效果

⑰ 选择【工具面板】中的【横排文字工具】 ▐，字体设置为"百度综艺简体"，大小为 6 点，输入 "时间"文字内容，重新调整字体大小，字体设置为"方正细黑简体"，输入"英文"文字内容，文字输入效果如图 4-71 所示。

图 4-71　文字输入效果

⑱ 选择【工具面板】中的【椭圆工具】 ⬤，属性栏中的"工具属性"设置为"形状"，绘制一个如图 4-72 所示的椭圆形状，并将生成的形状层命名为"左侧光效"。

图 4-72　"椭圆形状"绘制效果

⑲ 执行【窗口】菜单—【属性】命令，打开"属性"面板，调整"羽化"属性，调整效果如图 4-73 所示。

图 4-73 "羽化"属性调整效果

⑳ 输入如图 4-74 所示的"菊花爆满山"文字内容，字体为"幼圆"，加粗，颜色为青色 RGB（5，175，230）。

图 4-74 "文字"内容输入效果

㉑ 选择"菊花爆满山"文字层到"矩形渐变条"层之间的所有图层，执行【Ctrl+G】组合键编组，并将组重新命名为"播放歌曲"。

㉒ 单击图层面板下方的"创建新组"按钮，创建新组并将其命名为"进度条"。

㉓ 选择【工具面板】中的【圆角矩形工具】 ，"工具模式"设置为"形状"，颜色为黑色，半径为 10 像素，绘制一个如图 4-75 所示的圆角矩形，并将新生成的形状层重新命名为"进度条"。

图 4-75 "圆角矩形"绘制效果

㉔ 双击图层面板中的"进度条"层，在弹出的"图层样式"对话框中选择"斜面和浮雕"样式，参数设置及效果如图 4-76 所示。

图 4-76　"斜面和浮雕"样式参数设置及样式设置效果

㉕ 执行【Ctrl+J】组合键，复制"进度条"层生成"进度条副本"层，设置前景色为深灰色 RGB(45，45，45)，执行【Alt+Delete】键重新填充"副本层"，执行【Ctrl+T】组合键，缩放"副本"层，填充并缩放"副本"层效果如图 4-77 所示。

图 4-77　"进度条副本"层填充并缩放效果

㉖ 继续执行【Ctrl+J】组合键，生成"进度条副本 2"层，设置前景色为青色 RGB（100，190，225），填充"副本 2"层并缩放，效果如图 4-78 所示。

图 4-78　"进度条副本 2"层填充并缩放效果

㉗ 设置前景色为白色，选择【工具面板】中的【直线工具】，粗细为 1 像素，按住【Shift】键绘制如图 4-79 所示的 45°角的"直线"。

㉘ 执行【Ctrl+J】组合键 30 次，生成 30 个直线副本，拖曳图层面板中最上面的副本层到如图 4-80 所示位置。

图 4-79　直线绘制效果

图 4-80　直线副本层移动效果

㉙ 按住【Shift】键，选择直线及其所有副本层，单击如图 4-81 所示移动工具属性栏中的"按左分布"属性，分布效果如图 4-82 所示。

图 4-81　"移动工具"属性设置

图 4-82　"直线"分布效果

㉚ 执行【Ctrl+E】组合键，合并所有的线条图层，并将合并后的图层命名为"进度条纹理"。

㉛ 执行【图层】菜单—【栅格化】—【形状】命令，将"进度条纹理"形状层转换成普通图层，按住【Ctrl】键，单击"进度条副本 2"图层缩览图，载入如图 4-83 所示的选择区域。

图 4-83　选区载入效果

㉜ 执行【Ctrl+Shift+I】组合键，执行"反向"命令，获得当前选择区域的相反区域，按【Delete】键，删除选区像素，执行【Ctrl+D】组合键，取消选择区域，改变"进度条纹理"层混合模式为"颜色"模式，效果如图 4-84 所示。

图 4-84　"颜色"混合模式设置效果

㉝ 设置前景色为浅灰色 RGB(200，200，200)，选择【工具面板】中的【椭圆工具】，绘制一个椭圆并命名为"进度按钮"，为其添加"斜面和浮雕"图层样式，参数设置及样式设置效果如图 4-85 所示。

图 4-85　"斜面和浮雕"样式参数设置及设置效果

㉞ 执行【Ctrl+Alt+Shift+N】组合键，新建图层并命名为"按钮纹理"，同上所述绘制如图 4-86 所示的白色"直线"。

㉟ 执行【Ctrl+J】组合键，复制"按钮纹理"层生成"副本"，执行【图像】菜单—【调整】—【反相】命令（或执行【Ctrl+I】），获取当前颜色的相反色，效果如图 4-87 所示，按键盘中的向下方向键（↓）移动 1 像素，执行【Ctrl+E】组合键，合并图层，效果如图 4-88 所示。

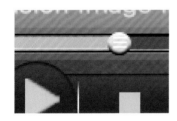  

图 4-86　"直线"绘制效果　　　图 4-87　"反相"效果　　　图 4-88　合并图层效果

㊱ 同理在进度条下方绘制如图 4-89 所示的进度条高光效果。

图 4-89　"进度条高光"效果

㊲ 折叠"播放歌曲及进度"组，执行【图层面板】下方的【创建新组】按钮，创建新组并将其命名为"声音和控制按钮"。

㊳ 同上所述，绘制如图 4-90 所示的"音量按钮"组，如图 4-91 所示的"控制"按钮组中的相应图标。

图 4-90  音量按钮绘制效果

图 4-91  "控制按钮"绘制

㊴ 折叠"声音和控制按钮"组，执行【Ctrl+Alt+Shift+N】组合键，在"声音和控制按钮"组的上方新建图层并命名为"倒影"层。

㊵ 隐藏"背景层"，执行【Ctrl+Alt+Shift+E】组合键，将除"背景层"之外的所有图层都合并到"倒影"层中。执行【编辑】菜单—【变换】—【垂直翻转】命令，垂直翻转"倒影"，并下向移动"倒影"层，效果如图 4-92 所示。

图 4-92  "倒影"层垂直翻转并移动效果

㊶ 执行【图层】菜单—【图层蒙板】—【显示全部】命令，为"倒影"层添加图层蒙板。

㊷ 按【D】键，恢复默认的前景色和背景色，选择【工具面板】中的【渐变工具】，渐变填充"倒影"层图层蒙板，改变"倒影"层不透明度至 30%，效果如图 4-93 所示。

图 4-93　"倒影层"图层蒙板填充及图层不透明度改变效果

㊸ 执行【文件】菜单-【保存】命令，以 PSD 格式保存文件。

# 任务 3　"背景光效"设计

## ◇ 先睹为快

本任务效果如图 4-94 所示。

图 4-94　音乐播放器的"背景光效"设计效果

## ◇ 技能要点

"深色"混合模式
"镜头光晕"滤镜

## ◇ 知识与技能详解

1. "深色"混合模式

"深色"混合模式是一种比较好理解的混合模式，计算混合色与基色的色阶值，颜色值小的作为结果色显示，如白色与基色混合得到基色，黑色与基色混合得到黑色。"深色"混合模式叠加前后对比效果如图 4-95 所示。

基色层　　　　　　　　混合色层　　　　　　　　　　　　　结果色层

图 4-95　"深色"混合模式效果

### 2. "镜头光晕"滤镜

"镜头光晕"滤镜可以使图像产生摄像机镜头的眩光效果。常用来表现玻璃、金属等反射的反射光，或用来增强日光和灯光效果。执行【滤镜】菜单—【渲染】—【镜头光晕】命令，弹出如图 4-96 所示的"镜头光晕"对话框，在光晕中心的预览图中，可通过单击鼠标左键的方法来设置光晕的中心位置，连续执行"镜头光晕"滤镜九次并改变"镜头光晕中心位置"，在画面中放置 9 个镜头，效果如图 4-97 所示。

 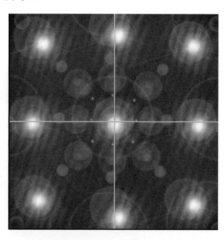

图 4-96　"镜头光晕"对话框　　　　图 4-97　"镜头光晕中心位置"发生变换效果

"亮度"：用于设置添加光晕的亮度，值越高，反射光越强；

"镜头类型"：包含"50～300mm 变焦"、"35mm 聚焦"、"105mm 聚焦"和"电影镜头"四个选项，我们可以选择自己需要的镜头来产生眩光。每种镜头类型产生的效果如图 4-98 所示。

50～300mm 变焦　　　　35mm 聚焦　　　　　105mm 聚焦　　　　　电影镜头

图 4-98　"四种"镜头类型效果

## ◇ **任务实现**

① 执行【文件】菜单—【打开】命令，打开"任务 2"中制作的 PSD 文件。单击"背景层"，使其成为当前操作图层，按住【Alt】键，单击背景层的"眼睛"图标，隐藏除"背景层"之外的所有图层。

② 单击图层面板底部"创建新组"按钮，新建一个组并将其重新命名为"背景光效"。执行【Ctrl+Alt+Shift+N】组合键，新建图层并将其命名为"背景加深"层。

③ 按【D】键恢复默认的前景色和背景色，执行【Alt+Delete】组合键，用"黑色"填充"背景加深"层，调整不透明度到 60%。

④ 执行【Ctrl+Alt+Shift+N】组合键，新建图层并重命名为"背景光晕"，设置前景色为紫色 RGB(110,55,115)，选择【工具面板】中的【画笔工具】，选择柔和笔头，在画布底端涂抹，并改变图层不透明度到 50%，涂抹及不透明度改变效果如图 4-99 所示。

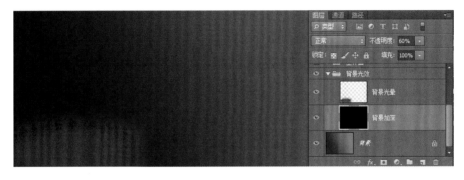

图 4-99 "背景光晕"层涂抹及不透明度改变效果

⑤ 设置前景色为深紫色 RGB(45,20,110)，继续涂抹，继续改变前景色为青色 RGB(20,60,90),继续涂抹，涂抹效果如图 4-100 所示。

图 4-100 "背景光晕"继续涂抹效果

⑥ 切换到路径面板，单击路径面板底部的"创建新路径"按钮，新建"路径 1"，选择【工具面板】中的【钢笔工具】绘制如图 4-101 所示的路径。

⑦ 执行【Ctrl+Enter】组合键，将路径转化成选区。执行【Ctrl+Alt+Shift+N】组合键，新建图层并将其命名为"侧面光晕"。

⑧ 设置前景色为深紫色 RGB(50,20,110),背景色为粉紫色 RGB(120,60,120),选择【工具面板】中的【渐变工具】,渐变填充选区填充效果如图 4-102 所示,执行【Ctrl+D】组合键,取消选择区域。

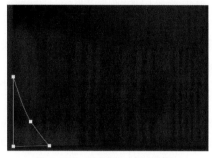 

图 4-101 "路径"绘制效果　　　　　图 4-102 "选区"渐变填充效果

⑨ 执行【Ctrl+J】组合键,复制 "侧面光晕"层并生成"副本",执行【Ctrl+T】组合键,为"副本"层添加自由变换框,适当下移变换框中的像素,单击"自由变换"属性栏中的"变形模式按钮"██属性,为"副本"添加"变形"框,做如图 4-103 所示的变形变换,按【Enter】键,确认变换。

⑩ 设置前景色为粉色 RGB(240,50,245),执行【Ctrl+Alt+Shift+N】组合键,新建图层并将其命名为"点状光晕"选择【工具面板】中的【画面笔工具】██,"画笔笔尖形状"设置如图 4-104 所示,"形状动态"中将"数量抖动"设置 100%,散布参数设置如图 4-105 所示,绘制如图 4-106 所示的"点状光晕"。

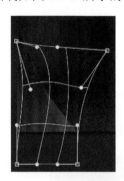 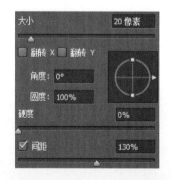 

图 4-103 "变形"变换效果　　　图 4-104 "画笔笔尖形状"设置　　　图 4-105 "形状动态"设置

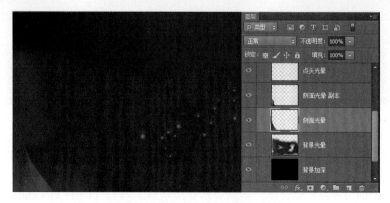

图 4-106 "点状光晕"绘制效果

⑪ 双击图层面板中的"点状光晕"层，在弹出的图层样式对话框中选择"外发光"样式，发光颜色为紫色（70，10，90）到透明色的渐变，"外发光"参数设置与样式设置效果如图 4-107 所示。

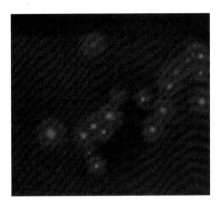

图 4-107　"外发光"样式参数设置及样式设置效果

⑫ 执行【Ctrl+Alt+Shift】组合键，新建图层并命名为"点状光晕 2"，设置前景色为青色 RGB(85,215,220),同上所述，绘制如图 4-108 所示的"点状光晕"。

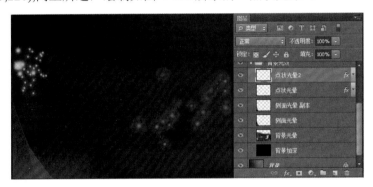

图 4-108　"青色点状光晕"绘制效果

⑬ 切换到"路径"面板，选择【工具面板】中的【钢笔工具】，绘制如图 4-109 所示的三条开放式路径。

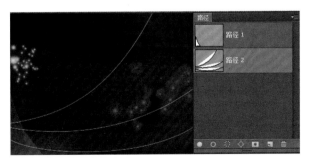

图 4-109　"开放式"路径绘制效果

⑭ 执行【Ctrl+Alt+Shift】组合键，新建图层并命名为"线条光晕"，选择【工具面板】中的【画笔工具】，画笔属性设置如图 4-110 所示，切换到【工具面板】中的【路径选择

工具】 , 选择最上面的"子路径", 单击"路径"面板底部的"用画笔描边路径"按钮 , "路径描边"效果如图 4-111 所示。

图 4-110 "画笔"属性设置　　　　图 4-111 "画笔描边"效果

⑮ 改变"画笔工具"的"画笔笔头"为 22 像素, 硬度为 100%, 同理, 选择中间的"子路径", 单击"路径"面板底部的"用画笔描边路径"按钮 , "路径描边"效果如图 4-112 所示。

⑯ 同理, 选择最下方的子路径, 缩小画笔笔头大小为 15 像素, 按住【ALT】键, 单击"路径"面板底部的"用画笔描边路径"按钮 , 在弹出的"描边子路径"对话框中选择"模拟压力"选项, "路径描边"效果如图 4-113 所示。

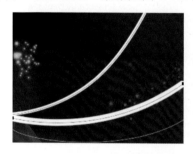

图 4-112 "中间子路径"描边效果　　　图 4-113 "最下方子路径"描边效果

⑰ 执行【Esc】键, 隐藏路径, 选择【工具面板】中的【魔棒工具】 , 在最下方的白色区域单击, 建立如图 4-114 所示的选择区域。

⑱ 执行【Ctrl+T】组合键, 为选区内像素添加"自由变换框", 缩放并移动选区内像素, 按【Enter】键, 确认变换, 变换效果如图 4-115 所示。执行【Ctrl+D】组合键, 取消选择区域。

图 4-114 选区建立效果　　　　图 4-115 变换效果

⑲ 执行【Ctrl+Alt+Shift+N】组合键，新建图层 1，选择【工具面板】中的【渐变工具】，"渐变编辑器"编辑效果如图 4-116 所示，从左到右的渐变色依次是浅紫色 RGB(140，110，195),深紫色 RGB(115，30，195),青色 RGB(140，195，250),紫色 RGB(135，30，180),蓝色 RGB(55，90，230)；线性渐变填充图层 1，填充效果如图 4-117 所示。

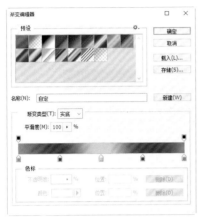

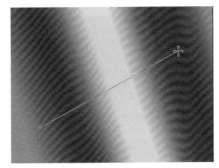

图 4-116 "渐变编辑器"编辑效果　　　　图 4-117 "渐变填充"效果

⑳ 按住【Ctrl】键，单击图层面板中"线条光晕"层的"图层缩览图"，载入如图 4-118 所示的选区。

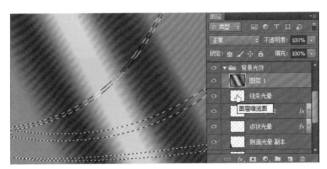

图 4-118 "选区"载入效果

㉑ 执行【选择】菜单—【修改】—【扩展】命令，在弹出的对话框中将扩展值设置为 1 像素，执行【Ctrl+Shift+I】组合键，执行"反向"命令，获得当前选择区域的相反区域，按 Delete 键，删除选区内的像素，设置"图层 1"混合模式为"深色"，执行【Ctrl+D】组合键取消选择区域。效果如图 4-119 所示。

图 4-119 "删除像素"及"深色"图层混合模式设置效果

㉒ 执行【Ctrl+E】组合键，将图层 1 合并到"线条光晕"层中。并将"线条光晕"层"不透明度"设置为 50%。

㉓ 单击路径面板中的"路径 2"，显示"路径 2"中的路径，选择【工具面板】中的【路径选择工具】，选择"中间的子路径"。

㉔ 选择【工具面板】中的【画笔工具】，笔触为 5 像素左右的硬度笔触。执行【Ctrl+Alt+Shift+N】组合键，新建图层 1 并将其命名为"线条条状高光"，单击【路径】面板下方的"用画笔描边路径"按钮，描边子路径，描边效果如图 4-120 所示。

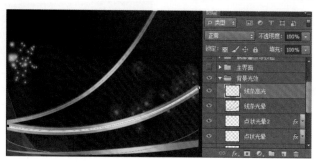

图 4-120 "中间子路径"描边效果

㉕ 执行【Ctrl+Alt+Shift+N】组合键，新建图层 1 并将其命名为"圆形高光"，选择【工具面板】中的【画笔工具】，笔触大小设置为 20 像素左右，鼠标左键单击绘制一个圆形。

㉖ 双击图层面板中的"圆形高光"层，在弹出的"图层样式"对话框中选择"外发光"样式，参数设置及样式设置效果如图 4-121 所示。

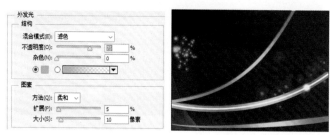

图 4-121 "圆形高光"层外发光样式参数设置及设置效果

㉗ 单击【图层面板】中的【背景加深】层，使其成为当前操作图层，执行【滤镜】菜单—【渲染】—【镜头光晕】滤镜，弹出如图 4-122 所示的"镜头光晕"对话框，单击确定按钮，"镜头光晕"滤镜设置效果如图 4-123 所示。

图 4-122 "镜头光晕"对话框（一）

图 4-123 "镜头光晕"滤镜设置效果

㉘ 继续执行【滤镜】菜单—【渲染】—【镜头光晕】滤镜，添加镜头光晕效果，并改变镜头光晕中心位置，如图 4-124 所示，"镜头光晕"效果如图 4-125 所示。

图 4-124　"镜头光晕"对话框（二）　　　　图 4-125　　"镜头光晕"效果

㉙ 显示其他图层组，最终效果及图层面板状态如图 4-126 所示。

图 4-126　最终效果及图层面板状态

㉚ 执行【文件】菜单—【保存】命令，以 PSD 格式保存文件。

## ✧ 项目总结和评价

用户通过本项目的学习,能够使用户对"音乐播放器界面"制作与设计有一个基本的认识,能够巩固加深把握图层样式的综合运用,掌握"图案叠加"样式的使用方法和技巧,掌握"反相"调整命令的使用方法,掌握"颜色"混合模式、"柔光"混合模式、"深色"混合模式的使用方法,掌握"形状层"的直接羽化方法,掌握"添加杂色"滤镜、"径向模糊"滤镜、"镜头"光晕滤镜的使用方法和技巧。希望用户在熟练制作本项目内容的基础上,能够举一反三,为将来在实际工作中的制作与设计打下坚实的基础。

# 思考与练习

**1.思考题**
（1）路径选择工具与直接选择工具的区别有哪些？
（2）如何羽化形状层？
**2.操作题**
（1）模仿制作手机界面。
（2）设计一个系统登录界面。

项目 5

# 书籍装帧设计

## 项目目标

通过本项目的学习和实施，需要理解、掌握和熟练下列知识点和技能点：

了解书籍装帧的基本知识；

了解书籍装帧设计的基本方法和设计的流程；

能充分利用 Photoshop CS6 的各种工具进行书籍装帧设计。

## 项目描述

封面是书的外貌，封面设计中最重要的一环，它既体现书的内容、性质，同时又要符合人的审美心理，起到启迪人的思维作用，给读者以美的享受，并且起到保护书籍的作用。如何运用图形、色彩和文字使其体现图书的内容、性质、体裁是封面设计的关键所在。本项目通过带领读者一起完成书籍封面的制作，共同学习 Photoshop 的强大功能。

### ✧ 先睹为快

本项目效果如图 5-1 所示。

图 5-1　书籍封面效果图

## ◇ 技能要点

书籍装帧背景知识

## ◇ 知识与技能详解

**1．书籍装帧背景知识**

（1）书籍装帧简介

书籍装帧可分为平装本、精装本、豪华本、珍藏本4类。平装本一般价格便宜、普及性广、印数大，装帧较为简单。本书重点讲解平装书籍的封面组成及设计方法与理念。

（2）书籍封面设计构成

书籍封面设计构成如图5-2所示，一般由封面、书脊、封底构成，个别书籍还包括前勒口和后勒口。

封面——书籍装帧设计艺术的门面，起着美化书刊和保护书芯的作用，分封面和封底，其中封底追求简洁，与封面呼应的同时，左上角一般放置设计者名称，下方放置条形码、定价等内容。

书脊——封面和封底的连接部分，相当于书芯厚度，主要是以文字为主，再次说明书名及出版社名称等，方便读者查找。

勒口——一般以精装书为主，有一些平装书为了增加信息量及装帧效果也有勒口。其宽度一般不少于30mm。

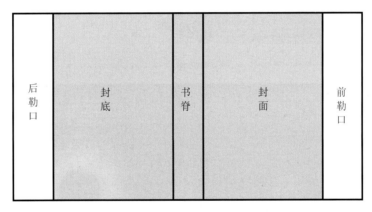

图5-2　书籍封面平面图

（3）书籍封面设计尺寸计算方式

书籍封面设计一般包括封面、封底和书脊，PS设计稿的宽度＝封面宽度＋书脊厚度＋封底宽度，以16K书籍为例，设书脊厚度为10mm，则PS设计稿宽度为185mm＋185mm＋10mm＝380mm，高度＝260mm，此为封面的实际大小。设计过程中还需要考虑印刷时的"出血"尺寸，即在四边各增加3mm，所以设计稿的总尺寸应该为386mm×266mm。

（4）书籍封面设计要求

封面设计除了掌握软件的功能使用外，还需要了解封面设计要求。好的封面设计应该在内容上做到繁而不乱，主次分明，简而不空。在色彩、印刷、图形的有机装饰设计上可以发挥一些想象。

图形、色彩和文字是封面设计的三要素。设计者根据书的不同性质、用途和读者对象，把这三者有机地结合起来，从而表现出书籍的丰富内涵，既传递信息又是一种艺术享受。在字体形式，大小、疏密和编排设计等方面都应该有所讲究，要有一种韵律美感。

成功的设计也是具备情感的，如政府读物的封面是需要严肃的；学术读物封面是需要严谨的；设计类读物封面是时尚高雅的；儿童读物的封面应该是活泼的。

此外设计人员也要重视书籍装帧设计的广告效果，在设计的时候加入更多的广告元素，体现出图书与众不同的特点，既宣传了图书的特点，又成为与读者视觉交流、传达的媒介。

### 2．案例赏析

案例赏析中书籍效果图如图 5-3 所示，书籍平面图如图 5-4 所示，作品在设计制作过程中从图形、色彩、文字等方面充分考虑到该书应体现中华民族特色文化内涵，以及中国明清青花瓷器的特点，并结合现代人审美习惯设计而成。

图 5-3　《明清青花瓷器》书籍效果图

图 5-4　《明清青花瓷器》书籍封面平面图

在色彩设计上，整书采用深蓝色为主色调，与青花瓷器的色调相统一协调。其次，封面效果制作成带纹理的艺术纸效果。使书籍整体看上去平整、饱满、美观，现代感强。底纹颜色亮度较低，而瓷器插图呈高明度，使整个封面主次分明，层次清晰。

在图形设计上，选择了能够直接反映书籍内容、突出主题的图案——青花玉壶和春盘进行美化装饰。为了使画面产生美感，分别截取了瓷器的一半，增加其艺术感。

在文字设计上重点突出书名，选择大号字体，呈垂直上居中构图，庄严且高尚。编著者及出版社名用小号字体来区分。为搭配整本书的内容及风格设计，书名选择了繁印篆字体，达到装饰效果的同时也显示了中国古代文字的独特魅力及强烈的民族性。

书名的背景上选用青花瓷花纹作映衬，古朴而不失时代感，使书名在构图中占显著位置，在视觉上起主导作用。而且该花纹贯穿整本书，塑造了书的整体风格，形成书籍本身的文化性。

封底设计上追求简洁，以一个青花瓷壶做标志性插图。书脊再次详明编著者、书名以及出版社名，在书名处特别加上鸭蛋青青花图案做装饰，使书名处略显明亮，方便读者取阅与辨认。

## ◇ 任务实现

① 本书籍封面规格为 16K 平装书（26 cm×18.5 cm），分辨率为印刷标准 300 像素/英寸（练习：72 像素/英寸），颜色模式为 RGB。按下【Ctrl+N】键新建一个文件，参数设置如图 5-5 所示。

图 5-5　新建文件参数设置

② 印刷一般都要考虑出血位置(印刷后裁剪预留)，所以分别在水平和垂直方向上距边界 3mm 处各建两条出血参考线。执行【视图】菜单—【新建参考线】，弹出如图 5-6 所示的【新建参考线】对话框，分别在 0.3cm、18.8cm、19.8cm、29.05cm、38.3cm 位置建立垂直参考线。同理分别在 0.3cm，5.3cm、11.3cm、19.3cm、26.3cm 位置处建立水平参考线。参考线建立效果如图 5-7 所示。

图 5-6　新建参考线对话框

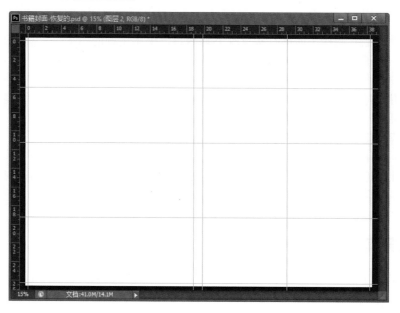

图 5-7　参考线建立效果

③ 执行【Ctrl+Shift+Alt+N】新建图层 1，单击【工具面板】中的【设置前景色】▣图标，打开拾色器对话框，将前景色颜色设置成 RGB（190，10，90）的粉紫色。按键盘中的【Alt+Delete】键用设置的前景色填充图层 1。

④ 执行【Ctrl+Shift+Alt+N】新建图层 2，选择【工具面板】中的【椭圆选框工具】◯，按住键盘中【Alt+Shift】键创建以鼠标起点为中心的正圆选区，并为选区填充白色，效果如图 5-8 所示。

⑤ 执行【选择】菜单—【变换选区】命令，将当前选区变小，按【Delete】键删除选区内的像素，按【Ctrl+D】键取消选区后制作如图 5-9 所示的白色圆环。

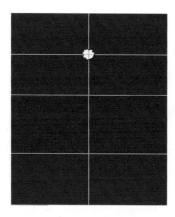

图 5-8　绘制椭圆并填充效果

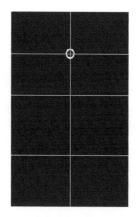

图 5-9　圆环制作效果

⑥ 如果标尺没有显示，则按【Ctrl+R】显示标尺，鼠标移动到左侧的标尺上向右拖曳建立两条垂直参考线，鼠标移动到上侧的标尺上向下拖曳建立两条水平参考线捕捉圆环的边缘，参考线捕捉圆环边缘效果如图 5-10 所示。选择【工具面板】中的【矩形选框工具】▯，沿着参考线边缘建立如图 5-11 所示的矩形选区。

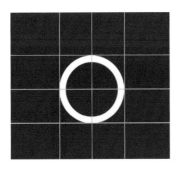

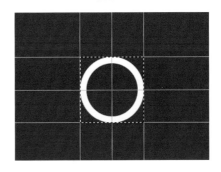

图 5-10　参考线捕捉圆环边缘效果　　　　　图 5-11　矩形选区建立效果

⑦ 按【Alt】键单击图层 2 的眼睛图标，隐藏除图层 2 之外的所有层，执行【编辑】菜单—【定义图案】命令，打开如图 5-12 所示的"图案名称"对话框，将白色圆环定义成图案，按【Delete】键删除选区内的像素，按【Ctrl+D】键取消选区。

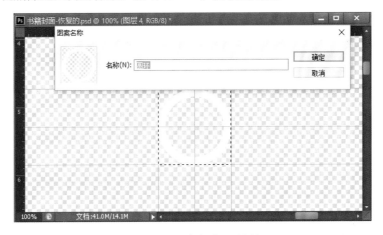

图 5-12　"图案名称"对话框

⑧ 执行【编辑】菜单—【填充】命令，打开如图 5-13 所示的填充对话框，在图案库中选择新定义的"圆环图案"，填充效果如图 5-14 所示。

⑨ 按【Alt】键单击图层 2 的眼睛图标，显示其他所有图层，选择【工具面板】中的【移动工具】，分别将捕捉圆环的四条参考线拖曳到标尺外，删除参考线。

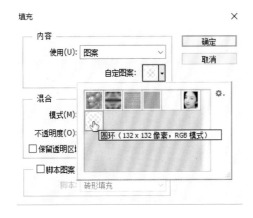

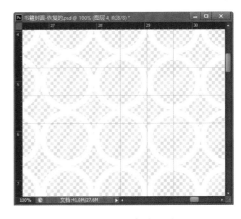

图 5-13　填充对话框　　　　　　　　　图 5-14　图案填充效果

⑩ 选择【工具面板】中的【橡皮擦工具】 ，擦除图层 2，擦除过程中不断改变【橡皮擦工具】属性栏中的透明度和主直径大小，擦除效果如图 5-15 所示。

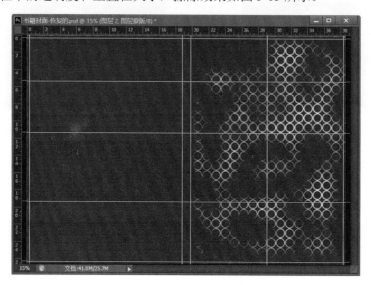

图 5-15　橡皮擦除效果

⑪ 选择【工具面板】中的【多边形工具】 ，属性设置如图 5-16 所示，在属性栏中将填充颜色设置为 RGB（190，10，90），将【边】属性设置成 24，绘制一个如图 5-17 所示以参考线交点为中心的多边形形状。

图 5-16　多边形工具属性栏

⑫ 选择【工具面板】中的【直接选择工具】 ，单击多边形形状路径，按住【Shift】键在多边形形状路径中每隔一个点单击一次，选择多个多边形形状路径控制点，路径控制点选择效果如图 5-18 所示。

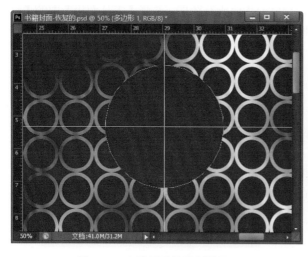

图 5-17　多边形形状绘制效果

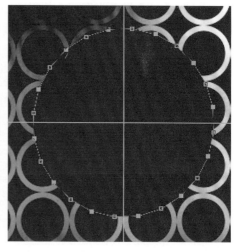

图 5-18　多边形形状路径控制点选择效果

⑬ 执行【Ctrl+T】组合键，为多边形形状路径添加自由变换对话框，按住【Alt+Shift】组合键拖曳变换框角点向中心移动，变换过程如图 5-19 所示。按【Enter】键确认变换效果。

⑭ 执行【图层】菜单—【图层样式】—【内阴影】命令，为多边形形状层添加内阴影效果，内阴影效果如图 5-20 所示，参数设置如图 5-21 所示。

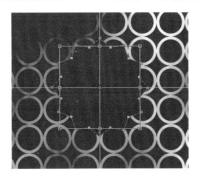

图 5-19　多边形形状路径变换过程

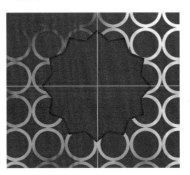

图 5-20　内阴影效果

图 5-21　内阴影参数设置

⑮ 选择【工具面板】中的【椭圆工具】 ，属性设置如图 5-22 所示，按住【Alt+Shift】组合键绘制一个如图 5-23 所示以参考线交点为中心的正圆形状。

图 5-22　椭圆工具属性栏

⑯ 双击椭圆形状层，打开如图 5-24 所示的【图层样式】对话框，将【高级混合】区域中的【填充不透明度】值设置为 0%。

⑰ 单击【图层样式】面板左侧样式列表中的【内阴影】样式，参数设置如图 5-25 所示，内阴影效果如图 5-26 所示。

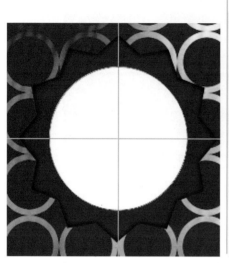

图 5-23　椭圆形状效果

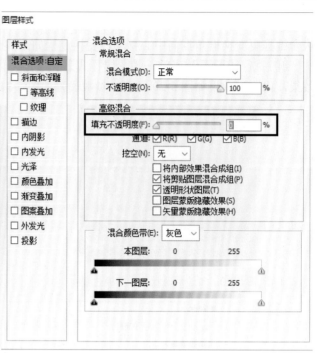

图 5-24　图层样式对话框

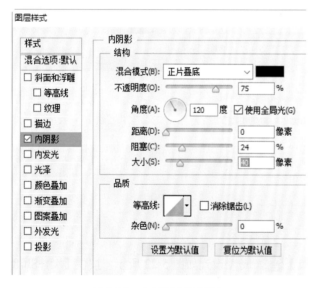

图 5-25　内阴影参数设置

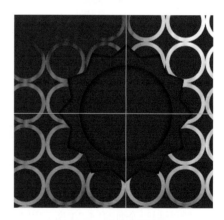

图 5-26　内阴影效果

⑱　单击【图层样式】面板左侧样式列表中的【斜面与浮雕】样式，参数设置如图 5-27 所示，斜面与浮雕样式设置效果如图 5-28 所示。

⑲　单击斜面与浮雕下方的【等高线】选项，打开如图 5-29 所示的【等高线】参数设置对话框，选择【半圆】等高线。设置效果如图 5-30 示。单击【确定】按钮，椭圆形状层完成图层样式的设置。

⑳　选择【工具面板】中的【圆角矩形工具】 ，属性设置如图 5-31 所示，按住【Alt】键绘制一个如图 5-32 所示以参考线交点为中心的圆角矩形形状。

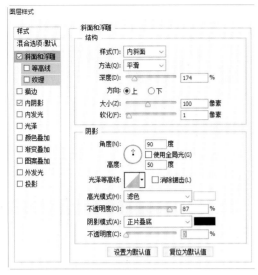

图 5-27　斜面与浮雕样式参数设置

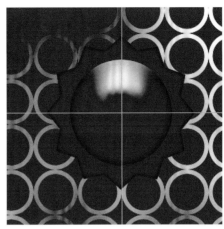

图 5-28　斜面与浮雕样式设置效果

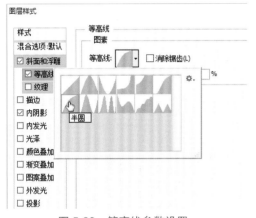

图 5-29　等高线参数设置

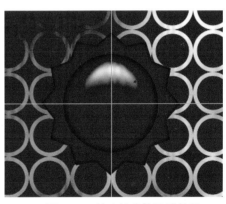

图 5-30　等高线参数设置效果

图 5-31　圆角矩形形状属性栏设置

㉑ 双击圆角矩形形状层，在打开的【图层样式】对话框中选择渐变叠加选项，单击【点按可编辑渐变】选项，打开【渐变编辑器】对话框，在 25、50、75 位置分别添加色标，并将颜色分别设置为 RGB（100，10，50）、RGB（20，0，20）、RGB（170、10、80）。渐变叠加样式添加效果如图 5-33 所示，渐变叠加样式参数设置过程如图 5-34 所示。

图 5-32　圆角矩形绘制

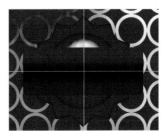

图 5-33　渐变叠加样式设置效果

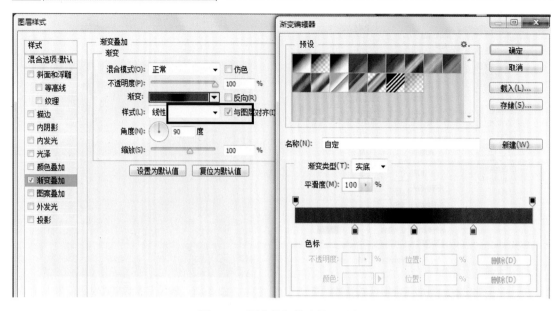

图 5-34　渐变叠加样式设置过程

㉒ 单击【图层样式】面板左侧样式列表中的【描边】样式，参数设置如图 5-35 所示，单击【确定】按钮，【描边】样式设置效果如图 5-36 所示。

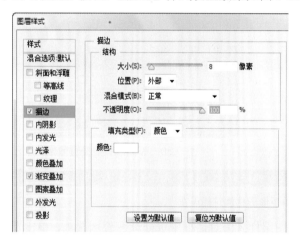

图 5-35　描边样式参数设置

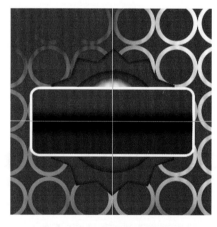

图 5-36　描边样式设置效果

㉓ 选择【工具面板】中的【横排文字工具】T，属性设置如图 5-37 所示，输入如图 5-38 所示的"实战演练"文字内容。

图 5-37　横排文字工具属性栏

㉔ 选择"战"字，单击【横排文字工具】属性栏中的【切换字符和段落面板】选项，在如图 5-39 所示的【字符】面板中，将垂直缩放改为 140%，设置效果如图 5-40 所示，同理设置"练"字，设置效果如图 5-41 所示。

图 5-38　文字输入效果

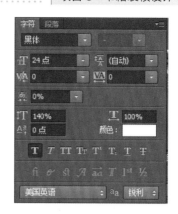

图 5-39　字符面板

图 5-40　"战"字设置效果

图 5-41　"练"字设置效果

㉕ 按住【Shift】键单击"多边形 1"形状层，选中"实战演练"文字层到"多边形 1"形状层之间的所有连续层，图层选择效果如图 5-42 所示。

㉖ 执行【图层】菜单—【新建】—【从图层建立组】命令，打开如图 5-43 所示的"从图层新建组"对话框，名称设置为"图标"，"颜色"设置为"红色"，单击"确定"按钮，将选中的图层放进"图标"组中，选择【移动工具】将图标组移动到如图 5-44 所示的位置。

图 5-42　图层选择效果

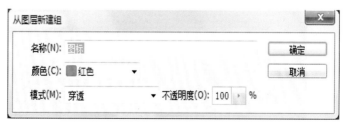

图 5-43　"从图层新建组"参数设置

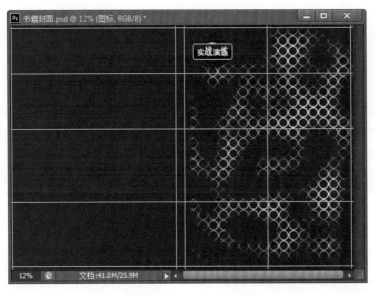

图 5-44　组移动效果

㉗ 选择【工具面板】中的【横排文字工具】T，设置文字颜色为黄色 RGB（255，240，0），属性栏设置如图 5-45 所示，输入如图 5-46 所示的"实战演练"文字内容。

图 5-45　横排文字工具属性设置

图 5-46　输入"实战演练"文字内容

㉘ 继续添加文字层，并通过属性栏调整文字大小为"白色"，文字大小为"48 点"，通过移动工具适当调整其位置，效果如图 5-47 所示。

图 5-47　白色文字输入效果

㉙ 执行【图层】菜单—【新建】—【组】命令，打开如图 5-48 所示的"新建组"对话框，名称设置为"图形"，"颜色"设置为"黄色"，单击"确定"按钮。

图 5-48　新建组对话框

㉚ 执行【Ctrl+Shift+Alt+N】新建图层 3，设置前景色为 25%的灰色，选择【工具面板】中的【画笔工具】，在如图 5-49 所示的画笔工具属性栏上单击，打开画笔预设面板，载入方头画笔，载入过程如图 5-50 所示。

图 5-49　画笔工具属性栏

㉛ 单击画笔属性栏中的"切换画笔面板"选项，打开如图 5-51 所示的画笔面板，选择方头画笔，设置画笔大小为 53 像素，圆度为 64%，间距为 144%。

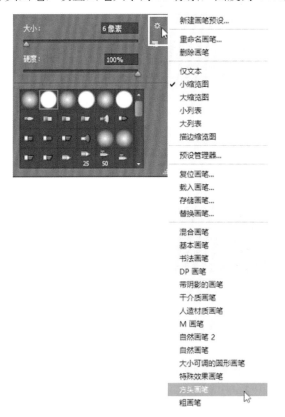

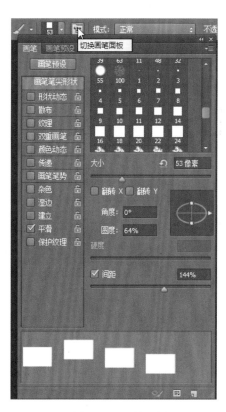

图 5-50　方头画笔载入过程　　　　　　　　　图 5-51　画笔面板

㉜ 设置好画笔属性后，按住【Shift】键拖曳鼠标左键，绘制如图 5-52 所示的形状。

㉝ 执行【图层】菜单—【复制图层】命令，生成图层 3 副本，选择【工具面板】中的【移动工具】将生成的副本向下移动，移动位置如图 5-53 所示。

图 5-52　矩形块绘制效果

图 5-53　复制并移动效果

㉞ 选择【工具面板】中的【矩形工具】，拖曳鼠标左键绘制一个如图 5-54 所示的矩形形状。

㉟ 执行【Ctrl+Shift+Alt+N】新建图层 4，设置前景色为橘黄色 RGB（255，200，0），选择【工具面板】中的【圆角矩形工具】，选择"像素"属性，半径设置为 30px，拖曳鼠标绘制如图 5-55 所示的圆角矩形像素，圆角矩形工具属性栏设置如图 5-56 所示。

图 5-54　矩形形状绘制效果

图 5-55　圆角矩形绘制效果

图 5-56　圆角矩形属性栏设置

㊱ 双击图层 4，打开【图层样式】对话框，选择【描边】图层样式，参数设置如图 5-57 所示，单击确定按钮，设置效果如图 5-58 所示。

㊲ 执行【Ctrl+J】组合键三次，复制图层 4 生成三个副本，选择【工具面板】中的【移动工具】，分别移动三个副本到如图 5-59 所示的位置。

㊳ 在图层面板中选择图层 4，使图层 4 成为当前操作图层，打开素材图片，将其拖曳到图层 4 上方，升成图层 5，效果如图 5-60 所示。

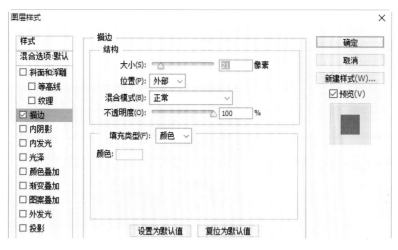

图 5-57　描边图层样式参数设置

图 5-58　描边效果

图 5-59　圆角矩形复制并移动效果

㊴ 执行【图层】菜单—【创建剪贴蒙板】命令（或【Alt+Ctrl+G】组合键）创建图层 5 与图层 4 的剪帖蒙板。效果如图 5-61 所示。图层面板状态如图 5-62 所示。

图 5-60　图层 5 生成效果

图 5-61　创建剪贴蒙板效果

㊵ 同理创建其他副本的剪切蒙板层，效果如图 5-63 所示。图层面板状态如图 5-64 所示，单击图层面板"图形"组左侧的"三角"按钮，折叠"图形"组，图层面板状态如图 5-65 所示。

㊶ 选择【工具面板】中的【横排文字工具】T，单击如图 5-66 所示的文字工具属性栏上的"切换字符和段落面板"属性，打开"字符"面板，设置字符属性如图 5-67 所示。输入

文字效果如图 5-68 所示。

图 5-62　创建剪贴蒙板时图层面板状态　　　　图 5-63　其他副本创建剪贴蒙板效果

图 5-64　图层面板状态　　　　图 5-65　图形组折叠后图层面板状态

图 5-66　"横排文字工具"属性栏

图 5-67　字符面板　　　　图 5-68　文字输入效果

㊷ 双击 Photoshop 文字层，打开【图层样式】对话框，选择【描边】样式，参数设置如图 5-69 所示（大小：18 像素，颜色：黑色），设置完样式后效果如图 5-70 所示。

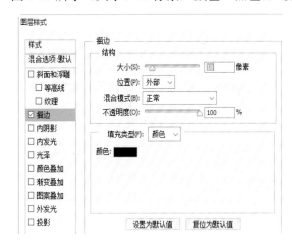

图 5-69　描边样式参数设置　　　　　　　　　　　　图 5-70　描边效果

㊸ 单击【图层样式】面板左侧样式列表中的【渐变叠加】样式，单击【点按可编辑渐变】选项，打开【渐变编辑器】对话框，在 25、50、75 位置分别添加色标，并将颜色分别设置为黄色 RGB（255，240，0）、白色、黄色 RGB（255，240，0）。渐变叠加样式参数设置过程如图 5-71 所示。渐变叠加样式添加效果如图 5-72 所示。

㊹ 继续添加文字层，并通过属性栏调整文字大小为"白色"，文字大小为"60 点"，通过移动工具适当调整其位置，效果如图 5-73 所示。

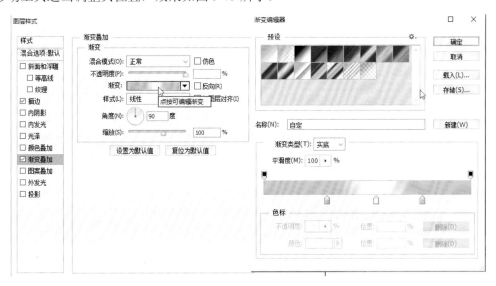

图 5-71　渐变叠加样式设置效果

㊺ 双击"图层处理"文字层，打开【图层样式】对话框，选择【投影】样式，参数设置如图 5-74 所示（大小：18 像素，颜色：黑色），单击确定按钮后效果如图 5-75 所示。

㊻ 将前景色设置成白色，选择【工具面板】中的【钢笔工具】，属性栏设置如图 5-76 所示，鼠标左键单击绘制如图 5-77 所示的形状图层。在【钢笔工具】选择状态下，按住【Ctrl】

键，切换到【直接选择工具】。

图 5-72　渐变叠加样式效果

图 5-73　图像处理文字层效果

图 5-74　投影样式参数设置

图 5-75　投影样式效果

图 5-76　钢笔工具属性栏

㊼ 选择【工具面板】中的【直接选择工具】，单击形状层，显示出形状层路径上的点，选择【工具面板】中的【转换点工具】，调整形状层路径上的点，调整后形状层效果如图 5-78 所示。

㊽ 按【Ctrl+Enter】键，将形状层的路径转化成选区，执行【Ctrl+Shift+Alt+N】新建图层 9，执行【编辑】菜单-【描边】命令，打开"描边"对话框，参数设置如图 5-79 所示。

图 5-77　钢笔工具绘制形状层效果　　　　图 5-78　转换点工具调整形状层效果

㊾ 按【Ctrl+D】键取消选择区域，选择【工具面板】中的【移动工具】，将图层 9 的像素向下向右移动，描边像素移动后效果如图 5-80 所示。

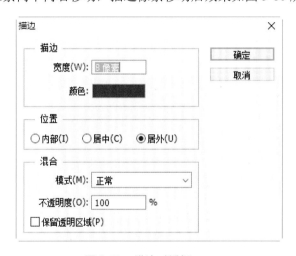

图 5-79　描边对话框　　　　　　　　　图 5-80　描边像素移动效果

㊿ 选择【工具面板】中的【横排文字工具】T，建立文字层，并通过文字属性面板调整其属性（大小：18 点，字体：黑体），调整的文字效果如图 5-81 所示。

51 继续添加如图 5-82 所示的文字图层，并适当调整文字层之间的间距，调整效果如图 5-82 所示。

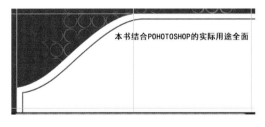

图 5-81　文字层效果　　　　　　　　　图 5-82　继续添加文字层效果

㉜ 继续添加如图 5-83 所示的"某某出版社"文字层（大小：30 点）。

㉝ 打开【出版社标志】素材图片，选择【工具面板】中的【移动工具】﹅，移动素材图片到书籍封面制作画布中，生成图层 10,调整其位置，调整效果如图 5-84 所示。

㉞ 选中"PHOTOSHOP"文字层到图层 10 之间的所有层，执行【图层】菜单—【新建】—【从图层建立组】命令，并将组命名为文字，组颜色图标设置为绿色，将选中的图层放进文字组内。

图 5-83  "某某出版社"文字层效果    图 5-84  素材图片位置调整效果

㉟ 按住【Alt】键，鼠标左键单击如图 5-85 所示图层面板中图层 1 的眼睛图标，隐藏除"图层 1"之外其他所有图层与组，隐藏图层后面板状态如图 5-86 所示。

㊱ 执行【图层】菜单—【新建】—【组】命令，在如图 5-87 所示的"新建组"对话框中，将组的名称设置为"光盘"，"颜色"设置为"紫色"，单击"确定"按钮。

图 5-85  图层面板指示图层可见性    图 5-86  图层隐藏后图层面板状态

图 5-87  新建组对话框

㊲ 选择【工具面板】中的【椭圆选框工具】○，按住键盘中【Alt+Shift】键创建一个如图 5-88 所示的以参考线交叉点为中心的正圆选区。

㊳ 执行【Ctrl+Shift+Alt+N】新建图层 11，选择【工具面板】中的【渐变工具】，在如图 5-89 所示的属性栏中的按钮上单击鼠标左键，打开【渐变编辑器】面板，在 0、25、50、75、100 的位置分别添加色标，并将色标颜色分别设置为淡青色 RGB（180，200，230）、淡黄色 RGB（250，240，180）、淡绿色 RGB（180，200，200）、白色、淡青色 RGB（180，200，230）。选择中的【角度渐变】，从中心向四周拖曳鼠标填充如图 5-90 所示的渐变效果。

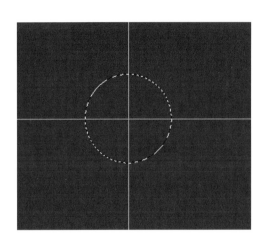

图 5-88　正圆选区绘制效果

图 5-89　渐变编辑器对话框

㊴ 执行【选择】菜单—【变换选区】命令，按住【Alt+Shift】组合键，拖曳"变换框角点"将选区等比列缩小，变换过程如图 5-91 所示，按【Delete】键删除选区内的像素，执行【Ctrl+D】组合键，取消选区，删除效果如图 5-92 所示。

㊵ 按【D】键恢复默认的前景色与背景色，按住【Ctrl】键单击如图 5-93 所示图层面板中图层 11 的缩略图，载入如图 5-94 所示的图层 11 的选区。

㊶ 执行【Ctrl+Shift+Alt+N】新建图层 12，执行【编辑】菜单—【描边】命令，弹出如图 5-95 所示的"描边"对话框，描边半径 8 像素左右，执行【Ctrl+D】组合键，取消选区，描边效果如图 5-96 所示。

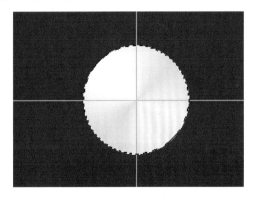

图 5-90　渐变填充效果

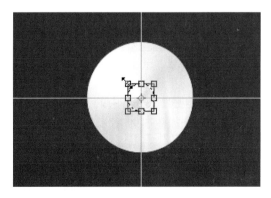

图 5-91　选区变换过程

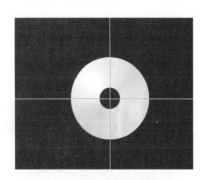

图 5-92　删除效果

图 5-93　描边样式参数设置

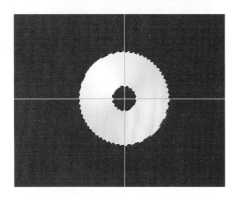

图 5-94　选区载入效果

图 5-95　描边对话框

㉒ 选择【工具面板】中的【橡皮擦工具】 ，擦除上半部分及环内的描边效果，擦除效果如图 5-97 所示。

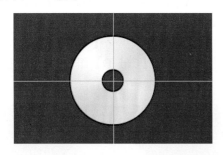

图 5-96　描边效果

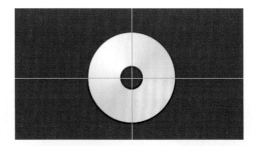

图 5-97　擦除效果

㉓ 选择【工具面板】中的【椭圆工具】 ，其属性如图 5-98 所示，按住【Alt+Shift】组合键绘制一个如图 5-99 所示的正圆路径。

图 5-98　椭圆工具属性设置

⑥ 选择【工具面板】中的【横排文字工具】T，将鼠标指针置于正圆路径上，指针状态变为如图 5-100 所示的形状时单击，建立路径文字的起点。

⑥ 在文字工具属性中，设置字体为"黑体"，字体大小为"14 点"，颜色为白色，输入文字，文字效果如图 5-101 所示。

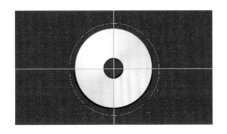 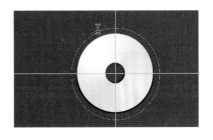

图 5-99　正圆路径形状　　　　　图 5-100　文字路径起点指针状态

⑥ 同理制作如图 5-102 所示的"全新多媒体演示"路径文字层。

图 5-101　路径文字层制作效果　　图 5-102　"全新多媒体演示"路径文字层效果

⑥ 双击"全新多媒体演示"文字层，打开【图层样式】对话框，选择【投影】样式，参数设置如图 5-103 所示（距离：5 像素，扩展：0%，大小：5 像素），单击【图层样式】面板左侧样式列表中的【斜面和浮雕】样式，参数设置如图 5-104 所示，单击确定按钮。

 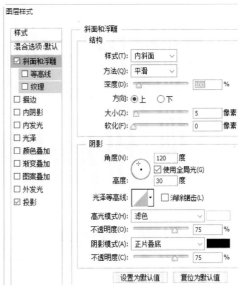

图 5-103　投影样式参数设置　　　图 5-104　斜面和浮雕样式参数设置

⑱ 在如图 5-105 所示的图层面板"全新多媒体"文字层的样式层上单击鼠标右键，在弹出的如图 5-106 所示的右键快捷菜单中选择"拷贝图层样式"选项。

⑲ 在"DVD-ROM"文字层上单击鼠标右键，在弹出的快捷菜单中选择"粘贴图层样式"选项，样式效果如图 5-107 所示。

⑳ 单击图层面板"光盘"组左侧的"三角"按钮，折叠"光盘"组，单击如图 5-108 所示图层面板上图层组和图层的"指示图层可见性"图标，显示其他图层组和图层。

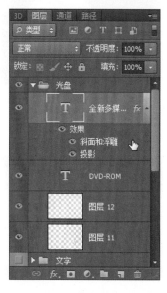

图 5-105　图层面板单击位置

图 5-106　右键快捷菜单

图 5-107　样式设置效果

图 5-108　图层面板"指示图层可见性"

㉑ 选择【工具面板】中的【移动工具】，将光盘组移动到如图 5-109 所示左下角的位置。

㉒ 选择【工具面板】中的【直排文字工具】，在书脊位置输入书籍名称（大小：22点），继续输入出版社名称（大小：18点），插入出版社图标并调整大小，书脊与封面最终效果如图 5-110 所示。

图 5-109　光盘组移动位置

图 5-110　书脊与封面效果

## ✧ 项目总结和评价

通过本项目的学习，学生对书籍装帧知识有了一定的了解，对于 Photoshop 软件综合应用能力也进一步提高，但是仍需要学生在课后多练、多思考，才能更熟练地使用 Photoshop 软件完成我们要完成的功能。

## 思考与练习

**1．思考题**

（1）在书籍装帧设计中要设置出血位置，作用是什么？

（2）封面设计的三要素是什么？

**2．操作练习**

参照教材进行封底设计制作。

项目 **6**

# 海报设计

✎ **项目目标**

通过本项目的学习和实施，需要理解、掌握和熟练下列知识点和技能点：

了解和掌握海报设计的基础知识；

巩固加深前面的知识内容；

掌握 Photoshop 的特殊滤镜基本功能和应用。

✎ **项目描述**

海报设计是视觉传达的表现形式之一，通过版面的构成在第一时间内将人们的目光吸引，并获得瞬间的刺激，这要求设计者要将图片、文字、色彩、空间等要素进行完美的结合，以恰当的形式向人们展示出宣传信息。海报是极为常见的一种招贴形式，其语言要求简明扼要，形式要做到新颖美观。本项目通过带领读者一起完成海报制作，共同体验 Photoshop 的强大功能。

## 任务 1　电影宣传海报设计

### ◇ **先睹为快**

本任务效果如图 6-1 所示。

### ◇ **技能要点**

"滤色"混合模式

"叠加"混合模式

"渐变映射"调整命令

### ◇ **知识与技能详解**

**1. "滤色"混合模式**

"滤色"模式与"正片叠底"模式作用相反，"混合色"对"基色"进行"滤色"处理时，产生的结果色比原来的两种颜色都要亮，用黑色"滤色"时颜色保持不变，用白色"滤色"时将产生白色，因此经常用"滤色"模式加亮图像或去除图像中的暗色部分，"滤色"模式前后对比效果如图 6-2 所示。

图 6-1 电影宣传海报最终效果

基色层 混合色层 结果色层

图 6-2 "滤色"混合模式效果

## 2. "叠加"混合模式

"叠加"混合模式是以基色图像占主导地位的一种混合模式,"叠加"混合模式结合了"正片叠底"模式和"滤色"模式两种模式的方法,如果"混合色"的颜色亮度比 50%的灰色暗，则叠加时会让"基色"的亮度变暗，如果"混合色"的颜色亮度比 50% 的灰色亮，则叠加时让"基色"的亮度变得更亮，即根据"混合色"的亮度值调整"基色"的中间色调，"基色"的高光部分和阴影部分保持不变。"叠加"模式前后对比效果如图 6-3 所示。

基色层

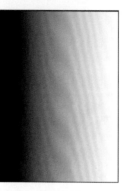
混合色层

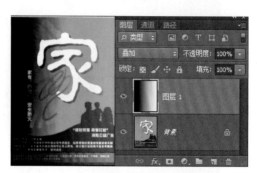
结果色层

图 6-3 "叠加"混合模式效果

### 3. "渐变映射"调整命令

"渐变映射"调整命令是通过使用渐变色对图像进行叠加来改变图像色彩。在叠加时是将相等的图像灰度范围映射到指定的渐变填充色中，即将图像转换为灰度，再用设定的渐变色替换图像中的各级灰度。如果指定的是双色渐变，图像中的阴影就会映射到渐变填充的一个端点颜色，高光则映射到另一个端点颜色，中间映射为两个端点颜色之间的渐变，执行【图像】菜单—【调整】—【渐变映射】命令可以打开"渐变映射"对话框。"渐变映射"前后对比效果如图 6-4 所示。

图 6-4 "渐变映射"前后对比效果

## ◇ 任务实现

① 执行【Ctrl＋N】组合键，弹出"新建"对话框，建立一个名称为"电影海报"，预设为"国际标准纸张"，大小为 A4,分辨率为 72 像素/英寸（打印 300 像素/英寸），颜色模式为 RGB，背景内容为白色的新画布，如图 6-5 所示，单击"确定"按钮。

② 设置前景色为深灰色 RGB(60,50,50),执行【Alt+Delete】组合键，填充背景层。

③ 执行【文件】菜单—【置入】命令，置入"Ch06> 素材-电影海报 - 01"文件，在画布中双击，确定置入过程，置入效果如图 6-6 所示。

④ 执行【图层】菜单—【栅格化】—【智能对象】命令，将置入的"智能对象"转换为普通图层，并将图层重命名为"天空背景"。

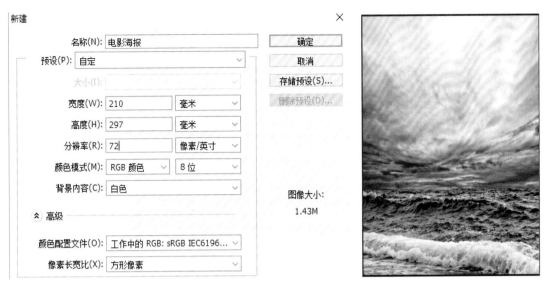

图 6-5 "新建"文件对话框          图 6-6 置入图像效果

⑤ 执行【图像】菜单—【调整】—【去色】命令，去除图像颜色，改变"天空背景"层不透明度到 70%，效果如图 6-7 所示。

图 6-7 "去色"并调整图层不透明度效果

⑥ 同步骤③～⑤所述，置入"Ch06> 素材-电影海报 - 02"文件，栅格化置入的"智能对象"，将图层重命名为"金属纹理"，为"金属纹理"层执行"去色"命令，改变"金属纹理"层混合模式为"柔光"模式，效果如图 6-8 所示。

⑦ 同上所述，置入"Ch06> 素材-电影海报 - 03"文件，栅格化置入的"智能对象"，将图层重命名为"墨迹纹理"，改变"墨迹纹理"层混合模式为"叠加"模式，改变"墨迹纹理"层不透明度到 40%，效果如图 6-9 所示。

⑧ 执行【Ctrl+Alt+Shift+N】组合键，新建图层并将其命名为"光源"层，设置前景色为白色，选择【工具面板】中的【画笔工具】，工具属性设置如图 6-10 所示，使用大号柔边画笔在画布中上部单击，创建光源，效果如图 6-11 所示。

图 6-8　"金属纹理"层处理效果

图 6-9　"墨迹纹理"层处理效果

图 6-10　"画笔"工具属性设置

图 6-11　"光源"绘制效果

⑨ 置入"Ch06> 素材-电影海报－04"文件，栅格化置入的"智能对象"，将图层重命名为"士兵素材"，效果如图 6-12 所示。

图 6-12 "士兵素材"图层置入效果

⑩ 选择【工具面板】中的【快速选择工具】，拖曳鼠标左键，建立如图 6-13 所示的选择区域。执行【Ctrl+Shift+I】组合键，获得当前选择区域的相反区域。

⑪ 单击图层面板下方的"添加图层蒙版"，为"士兵素材"层添加图层蒙版，添加效果如图 6-14 所示。

图 6-13 "选区"建立效果

图 6-14 "士兵素材"层添加图层蒙版效果

⑫ 按【D】键，恢复默认的前景色和背景色，选择【工具面板】中的【魔棒工具】，在蒙版边缘位置单击，建立如图 6-15 所示的选择区域。执行【Alt+Delete】组合键，用前景色（黑色）填充选区，执行【Ctrl+D】组合键，取消选择区域。

⑬ 执行【滤镜】菜单—【模糊】—【高斯模糊】，打开如图 6-16 所示的"高斯模糊"对话框，设置模糊半径（值不宜太大）。

图 6-15　选区建立效果　　　　图 6-16　"高斯模糊"对话框

⑭ 执行【图像】菜单—【调整】—【色阶】命令，参数调整如图 6-17 所示，多次执行"高斯模糊"和"色阶"命令，很好地去除"士兵素材"图层背景，效果如图 6-18 所示。

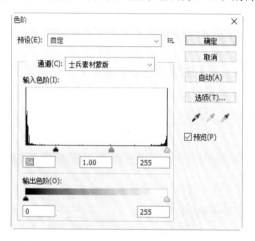

图 6-17　"色阶"对话框　　　　图 6-18　去除"士兵素材"层背景效果

⑮ 单击图层面板"士兵素材"图层缩览图，执行【图像】菜单—【调整】—【色相/饱和度】命令，打开如图 6-19 所示的对话框，适当降低图像饱和度。

图 6-19　"色相/饱和度"对话框

⑯ 执行【图像】菜单—【调整】—【色阶】命令，参数调整如图 6-20 所示，适当增加图像对比度，调整效果如图 6-21 所示。

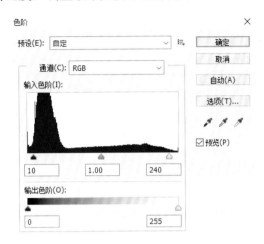

图 6-20　"色阶"对话框　　　　　　　　图 6-21　"调整命令"调整效果

⑰ 执行【Ctrl+Alt+Shift+N】组合键，新建一图层并命名为"暗角"。使用大号柔边黑色画笔在画布的四个角上绘制，并降低图层不透明度到 50%，效果如图 6-22 所示（突出海报中心）。

图 6-22　"暗角"层绘制效果

⑱ 置入"Ch06> 素材-电影海报 - 05"文件，水平翻转并移动和缩放置入对象，如图 6-23 所示，在画布中双击，确定置入过程，将"置入对象"重命名为"战火素材"，改变"战火素材"层的"混合模式"为"滤色"模式，效果如图 6-24 所示。

⑲ 置入"Ch06> 素材-电影海报 - 06"文件，并将"置入对象"层重命名为"石头"素材，效果如图 6-25 所示。

图 6-23 置入对象水平翻转并移动效果

图 6-24 "混合模式"更改效果

图 6-25 "石头素材"置入效果

⑳ 置入"Ch06>素材-电影海报-主题文字",把制作好的主题文字置入到海报中,效果如图 6-26 所示。

图 6-26 "主题文字"置入效果

㉑ 执行【Ctrl+Alt+Shift+N】组合键，新建一图层并命名为"叠加高光"层，选择【工具面板】中的【渐变工具】，选择"白色到透明色"渐变，渐变方式选择"径向渐变"，在画布中拖曳，渐变填充效果如图 6-27 所示。改变"叠加高光"层不透明度到 20%，"混合模式"为"叠加"模式，效果如图 6-28 所示。

图 6-27 "渐变填充"效果　　　　　图 6-28 "叠加"混合模式及"不透明度"设置效果

㉒ 单击"图层"面板底部的"创建新的填充或调整图层"按钮，在弹出的菜单中选择"渐变映射"选项，编辑蓝色 RGB(10,75,155)到黄色 RGB(255,210,0)的渐变，参数设置及效果如图 6-29 所示。

图 6-29 "渐变映射"调整层参数设置及设置效果

㉓ 将"渐变映射"层的图层不透明度调整为 10%，继续添加"色阶"调整层，增加图像对比度，参数设置及设置效果如图 6-30 所示。

㉔ 继续添加"曲线"调整层，参数设置及设置效果如图 6-31 所示。

图 6-30 "色阶"调整层参数设置及设置效果

图 6-31 "曲线"调整层参数设置及设置效果

㉕ 最后把影片详细信息和赞助商图标,主演名称等信息录入到画布中,并细致调整各个图层位置及文字大小,得到最终的效果图,如图 6-32 所示。

图 6-32 最终效果及图层面板状态

# 任务 2　夏日促销海报制作

## ◇ 先睹为快

本任务效果如图 6-33 所示。

## ◇ 技能要点

"3D 创建"面板

图 6-33　夏日促销海报制作

## ◇ 知识与技能详解

3D 对象的创建可以通过"3D 创建"面板来实现，如图 6-34 所示，选择不同的选项可以建立不同的 3D 效果，如图 6-35 所示，创建 3D 对象后，可以通过如图 6-36 所示的 3D 操作工具操作 3D 对象，它显示在移动工具属性栏的末尾处。

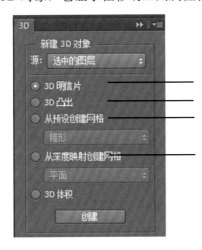

建立一个平面，可以用来当地面或背景。

创建 6 个材质面的凸出体。

建立基础形状模型，球体、圆锥体等。

基于当前图层的灰度创建雕刻效果的模型

图 6-34　3D 面板

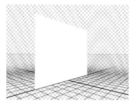

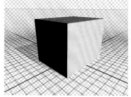

1 明信片    2 凸出体    3 锥体    4 深度映射网格物体

图 6-35　选项不同对比效果

旋转　滚动　拖动　滑动　缩放

图 6-36　3D 操作工具

### ✧ 任务实现

① 执行【Ctrl＋N】组合键，弹出"新建"对话框，建立一个名称为"夏日促销海报"，大小为 1200*800 像素，颜色模式为 RGB，背景内容为透明的新画布。

② 选择【工具面板】中的【横排文字工具】**T**，设置前景色为蓝色 RGB(40,140,240)，大小设置为 240pt，字体为"黑体"，输入如图 6-37 所示的文字内容。

③ 在文字层上单击鼠标右键，在弹出的快捷菜单中选择"转换为形状"选项，选择【工具面板】中的【钢笔工具】，按住【Ctrl】键，转换成【直接选择工具】，按住【Alt】键转换成【转换点工具】，通过三个工具调整文字形状，调整效果如图 6-38 所示。

图 6-37　文字输入效果

图 6-38　文字调整效果

④ 在文字层上单击鼠标右键，在弹出的快捷菜单中选择"栅格化图层"，执行【3D】菜单—【从所选图层新建 3D 凸出】命令，将形状图层转化为 3D 效果，使用工具条上的【旋转】命令调节视角，效果如图 6-39 所示。

图 6-39　3D 立体文字

⑤ 双击图层进入图层样式，选择【内发光】样式，设置发光颜色为白色，设置不透明度 77，发光大小 110，范围 66，效果如图 6-40 所示。

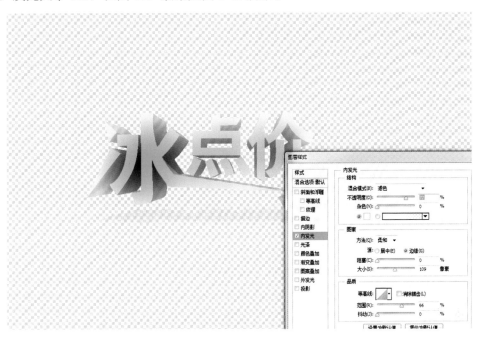

图 6-40　文字层内发光效果

⑥ 执行【Ctrl+J】组合键，复制图层生成副本，双击副本层，在弹出的"图层样式"对话框中选择【颜色叠加】，设置叠加颜色为白色。

⑦ 选择"文字"层，执行【滤镜】菜单—【风格化】—【风命令】，为图层添加风吹效果，效果如图 6-41 所示。

图 6-41　文字层风吹效果

⑧ 执行【Ctrl+Alt+Shift+N】组合键，新建图层 1，并将其拖曳到图层面板最底层，执行【图层】菜单—【新建】—【图层背景】命令，将其转换成背景层。

⑨ 设置前景色为淡蓝色 RGB(145,195,250)，执行【滤镜】菜单—【渲染】—【云彩】滤镜，为背景层添加云彩效果，效果如图 6-42 所示。

图 6-42　云彩背景层效果

⑩ 执行【文件】菜单—【置入】命令，转入冰山与冰块素材图层，冰山与冰块素材图如图 6-43 所示。调整素材与其他元素融合，调整效果如图 6-44 所示。

图 6-43　素材图片效果

图 6-44　素材调整效果

⑪ 执行【Ctrl+Alt+Shift+N】组合键，新建图层 1，将新建的图层填充为"黑色"。执行【滤镜】菜单—【杂色】—【添加杂色】滤镜，数量 52，高斯分布，单色，如图 6-45 所示。

⑫ 执行【滤镜】菜单—【像素化】—【晶格化】滤镜，单元格大小 20，参数设置如图 6-46 所示。

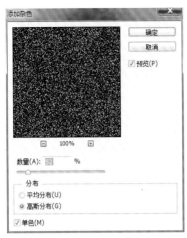

图 6-45　添加杂色对话框

图 6-46　"晶格化"滤镜对话框

⑬ 将图层叠加模式更改为【滤色】，并为其执行【滤镜】菜单—【模糊】—【动感模糊】滤镜，角度 70°，制作下雪效果，效果如图 6-47 所示。

图 6-47　下雪效果

⑭ 执行【Ctrl+Alt+Shift+N】组合键，新建图层 1，将新建的图层填充为"黑色"，执行【滤镜】菜单—【渲染】—【镜头光晕】滤镜，设置 105 毫米聚集，效果如图 6-48 所示。

图 6-48　镜头光晕效果

⑮ 调整图层叠加模式为【滤色】，最终效果如图 6-49 所示。

图 6-49　最终效果

## ✧ 项目总结和评价

　　用户通过本项目的学习，能够使用户对"宣传画报"的制作与设计有一个基本的认识，能够巩固加深掌握图层混合模式的综合运用，掌握 3D 对象的建立方法。希望用户在熟练制作本项目内容的基础上，能够举一反三，为将来在实际工作中的制作与设计打下坚实的基础。

# 思考与练习

**1．思考题**

（1）合并图层有哪些方法？

（2）如何创建 3D 对象？

**2．操作题**

（1）设计防火宣传海报。

（2）制作旅游宣传海报。

项目 7

# 特效字体效果的制作与设计

### 项目目标

通过本项目的学习和实施，需要理解、掌握和熟练下列知识点和技能点：

巩固加深图层样式的综合运用，掌握光泽样式的应用；

了解什么是智能滤镜，掌握智能滤镜的使用方法和技巧；

了解什么是通道，通道的功能，通道的分类，掌握与通道相关命令的使用方法；

了解 PS 中 3D 工具基本知识，了解 3D 立体文字制作的基本方法和制作的流程，能充分利用 Photoshop CS6 的 3D 功能进行立体文字的制作。

### 项目描述

文字是文化的重要组成部分及载体，几乎在任何一种视觉媒体中，文字和图片都是两大主要构成要素。同时在用 Photoshop 软件制作图像时，文字也是用来点缀画面的不可缺少的元素。恰当的文字甚至可以起到画龙点睛的功效。文字不管是在 Logo 设计领域中、网页设计中，还是平面广告中的应用等等都是非常广泛的，文字效果也直接影响作品的视觉传达效果。本项目主要通过特效字体的制作，使学生对各种字体效果有个初步认识，同时通过对特效字体制作过程来巩固加深图层样式的综合运用，掌握滤镜的使用方法和技巧，了解通道的基本概念，掌握通道的作用及使用方法。

## 任务1 电影海报主题文字设计

### ◇ 先睹为快

本任务效果如图 7-1 所示。

图 7-1　电影海报主题文字设计效果

## ◇ 技能要点

"光泽"样式

## ◇ 知识与技能详解

"光泽"样式用来在层上添加一个波浪形（或绸缎）效果，是一个参数不多但比较难把握的一种样式，可以理解为光线照射反光度较高的波浪形表面（如水面）显示出来的效果，其主要参数如图 7-2 所示。光泽效果之所以难把握，主要是因为"光泽"样式效果会和图层形状直接相关，如按上述参数为圆形图层像素和方形图层像素添加光泽样式的对比效果如图 7-3 所示。其主要参数说明如下所述。

图 7-2　"光泽"样式参数对话框　　　　图 7-3　圆形像素和方形像素光泽样式对比效果

- 距离：设置两组光环的距离，距离值不同的对比效果如图 7-4 所示，值越大，光环距离越远。

图 7-4　"距离"值从左到右依次为 30，80，250 的对比效果

## ◇ 任务实现

① 执行【Ctrl＋N】组合键，弹出"新建"对话框，建立一个名称为"电影海报主题文字"，宽度为 10cm，高度为 5cm，分辨率为 300 像素/英寸的画布，如图 7-5 所示，单击"确定"按钮。

② 设置前景色为深灰色 RGB(30,30,30)，执行【Alt+Delete】组合键，填充背景层。

③ 设置前景色为灰色 RGB(80,80,80)，选择【工具面板】中的【横排文字工具】**T**，字

符属性设置如图 7-6 所示，在画布中单击输入如图 7-7 所示的"倒数追击"文字内容。

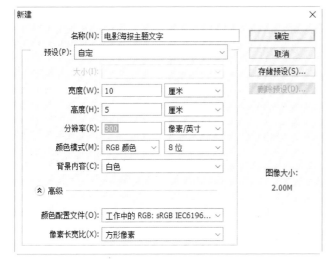

图 7-5　"新建"对话框

图 7-6　"字符"属性设置

④ 执行【Ctrl+J】组合键，复制文字层生成副本，设置"副本"层的填充为 0%，如图 7-8 所示。

图 7-7　文字输入效果

图 7-8　"副本"层填充值变化

⑤ 单击图层面板中的"倒数追击"层，使其成为当前操作图层，执行【Ctrl+J】组合键，继续复制"倒数追击"文字层，生成"副本 2"，拖曳"副本 2"层到"倒数追击"层下方，图层顺序改变效果如图 7-9 所示。

⑥ 执行【Ctrl+T】组合键，为"副本 2"添加自由变换框，按向右（→）方向键一次和向下（↓）方向键一次使"副本 2"层像素分别向右和向下移动 1 像素。按【Enter】键确认变换。

⑦ 执行【Ctrl+Shift+Alt+T】组合键 3 次，继续变换并复制副本 2，图层面板状态如图 7-10 所示，图像效果如图 7-11 所示。

⑧ 选择图层面板中的"倒数追击 副本 2"到"副本 4"之间的所有图层，如图 7-12 所示，执行【图层】菜单—【智能对象】—【转换成智能对象】命令，将选中的图层转换成智能对象，如图 7-13 所示，重命名"智能对象"层为"倒数追击 3D"层，如图 7-14 所示。

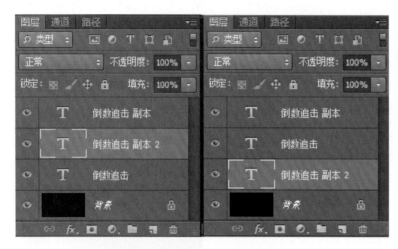

图 7-9 "图层顺序"改变前后效果　　　　图 7-10　图层面板状态

图 7-11　图层变换并复制效果

图 7-12　图层选择状态　　　图 7-13　转换成"智能对象"效果　　　图 7-14　图层重命名效果

⑨ 双击"倒数追击 3D"层，在弹出的"图层样式"对话框中选择"斜面和浮雕"样式，参数设置与样式设置效果如图 7-15 所示。

⑩ 继续单击左侧"样式列表"框样式列表中的"渐变叠加"样式，渐变色编辑为蓝色

RGB(35,70,130)到浅蓝色 RGB(115,155,215)，其他参数设置及样式设置效果如图 7-16 所示。

图 7-15  "斜面和浮雕"样式参数设置及设置效果　　　图 7-16  "渐变叠加"样式参数设置及设置效果

⑪ 继续单击左侧"样式列表"框样式列表中的"投影"样式，参数设置及样式设置效果如图 7-17 所示，图层面板状态如图 7-18 所示。

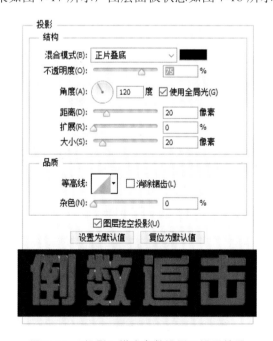

图 7-17  "投影"样式参数设置及设置效果　　　　图 7-18  图层面板状态

⑫ 双击"倒数追击"文字层，在弹出的"图层样式"列表框中选择"斜面和浮雕"样式，"高光模式"颜色设置为浅肉色 RGB(255,225,200),其他参数设置及样式效果如图 7-19 所示。单击"斜面和浮雕"样式列表下方的"等高线"及"纹理"选项，参数设置及效果如图 7-20 所示。

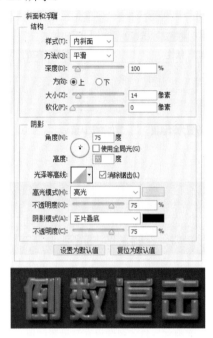

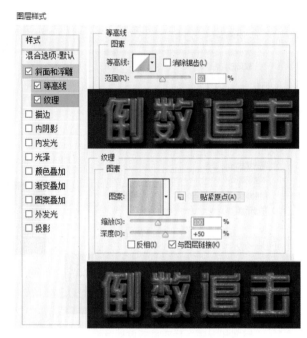

图 7-19 "斜面和浮雕"样式参数设置及效果　　图 7-20 "等高线"和"纹理"选项参数设置及效果

⑬ 继续单击"图层样式"框样式列表中的"描边"样式，"渐变"选项选择"银色"渐变，其他参数设置及设置效果如图 7-21 所示。

⑭ 继续单击"图层样式"框样式列表中的"内阴影"样式，阴影颜色设置为蓝色 RGB(18,60,110)，其他参数设置及设置效果如图 7-22 所示。

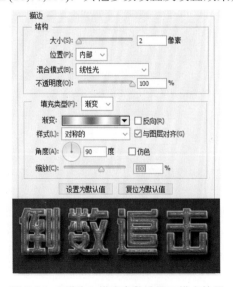

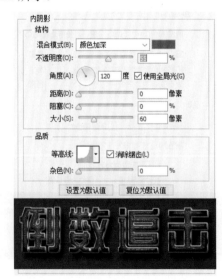

图 7-21 "描边"样式参数设置及样式效果　　图 7-22 "内阴影"样式参数设置及样式效果

⑮ 继续单击"图层样式"框样式列表中的"内发光"样式，发光颜色设置为肉色RGB(245,215,90)到透明色渐变，其他参数设置及设置效果如图 7-23 所示。

⑯ 继续单击"图层样式"框样式列表中的"光泽"样式，颜色设置为灰色RGB(155,155,155)，其他参数设置及设置效果如图 7-24 所示。

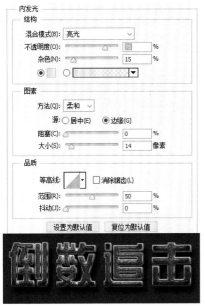

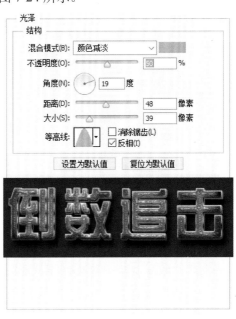

图 7-23 "内发光"样式参数设置及样式效果　　　图 7-24 "光泽"样式参数设置及样式效果

⑰ 继续单击左侧"样式列表"框样式列表中的"渐变叠加"样式，渐变色编辑为黑色、40%位置的灰色 RGB(180，180，180)，60%位置的白色、75%位置的肉色 RGB(250，240，210)和 100%位置的黑色，其他参数设置及样式设置效果如图 7-25 所示。

⑱ 继续单击"图层样式"框样式列表中的"外发光"样式，发光颜色设置为土黄色RGB(200,170,105)到透明色的渐变，其他参数设置及设置效果如图 7-26 所示。

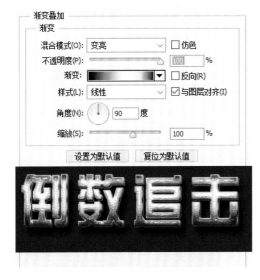

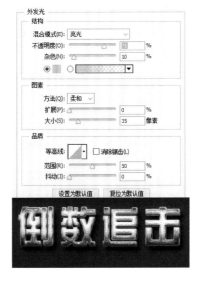

图 7-25 "渐变叠加"样式参数设置及样式效果　　　图 7-26 "外发光"样式参数设置及样式效果

⑲　继续单击左侧"样式列表"框样式列表中的"投影"样式，投影颜色设置为土黄色 RGB(140,85,20)，其他参数设置及样式设置效果如图 7-27 所示，图层面板状态如图 7-28 所示。

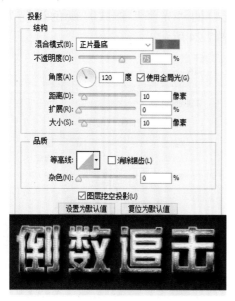

图 7-27　"投影"样式参数设置及样式效果　　　　图 7-28　图层面板状态

⑳　双击"倒数追击 副本"层，在弹出的"图层样式"列表框中选择"斜面和浮雕"样式，"阴影模式"颜色设置为土黄色 RGB RGB(110,70,15)，其他参数设置及样式效果如图 7-29 所示。

㉑　继续单击"图层样式"框样式列表中的"内发光"样式，发光颜色设置为肉色 RGB(245,215,170)到透明色渐变，其他参数设置及设置效果如图 7-30 所示。

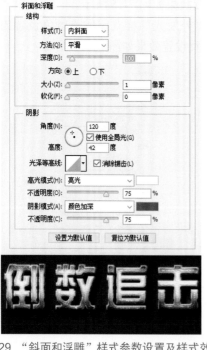

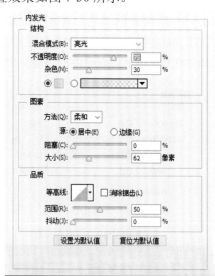

图 7-29　"斜面和浮雕"样式参数设置及样式效果　　　图 7-30　"内发光"样式参数设置及样式效果

㉒ 按住【Ctrl】键，单击"倒数追击"文字层缩略图，载入文字层选择区域，单击图层面板下方的"创建新的填充或调整图层"按钮，在弹出的菜单中选择"色彩平衡"选项，参数设置及图层面板状态如图 7-31 所示，最终效果如图 7-32 所示。

图 7-31　"色彩平衡"属性调整及图层面板状态　　　　　　图 7-32　最终效果

㉓ 执行【文件】菜单—【存储为】命令，以 PSD 格式保存图像。

## 任务 2　透视立体字制作效果

### ✧ 先睹为快

本任务效果如图 7-33 所示。

图 7-33　透视立体字体效果

### ◇ 技能要点

横排文字蒙版工具
智能滤镜

### ◇ 知识与技能详解

**1. 横排文字蒙版工具**

"横排文字蒙版工具"同"横排文字工具"在同一个工具组，如图 7-34 所示，它的主要作用是用来创建文字选区。

选择【工具面板】中的【横排文字蒙版工具】 🅣，在画布中单击鼠标左键，画面变成如图 7-35 所示的粉红色（进入了"蒙版"编辑状态），属性栏设置如图 7-36 所示，输入如图 7-37 所示的文字内容，在提交之前可以重新选择文字内容，如图 7-38 所示，通过属性栏和字符面板对文字属性进行修改。单击属性栏中的"提交所有当前编辑"按钮，建立文字选区，图层面板也不会建立新的文字图层。文字选区建立效果及"图层面板"状态如图 7-39 所示。

| 图 7-34　文字工具组 | 图 7-35　蒙版编辑状态 |

图 7-36　"横排文字蒙版工具"属性栏

| 图 7-37　文字输入效果 | 图 7-38　"文字"选取状态 |

图 7-39　文字选区建立效果及图层面板状态

**2. 智能滤镜**

智能滤镜是对智能对象应用的滤镜，是一种非破坏性的滤镜。智能滤镜可以达到与普通滤镜相同的效果，却不会破坏图层中的原有像素，还可以随时对滤镜参数进行更改。

（1）转换为智能滤镜

执行【滤镜】菜单—【转换为智能滤镜】（或在"图层"上单击鼠标右键，选择"转换为智能对象"选项），可以将"普通图层"转换为智能对象，为智能对象应用的滤镜会像"图层样式"一样显示在智能对象下方，如图 7-40 所示。

（2）智能滤镜参数说明

● 混合选项图标：双击图层中的混合选项图标，打开如图 7-41 所示的"混合选项"对话框，用来设置滤镜与图层的混合模式效果。当智能对象应用多个滤镜时，图层会按照由下而上的顺序应用滤镜，在智能滤镜列表中上下拖曳滤镜可以改变滤镜应用顺序，顺序发生变化，图像效果也会发生改变。

图 7-40　"智能滤镜"相关参数

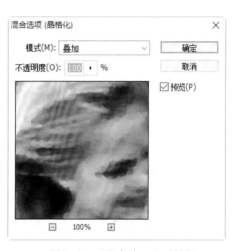

图 7-41　"混合选项"对话框

● 眼睛图标：单击滤镜名称前的眼睛图标，可以提示单个智能滤镜的可见性，如图 7-42 所示，单击"智能滤镜"前的眼睛图标（或执行【图层】菜单-【智能滤镜】-【停用智能滤镜】选项），可以隐藏智能对象的所用智能滤镜，如图 7-43 所示。

图 7-42　指示单个智能滤镜可见性

图 7-43　指示所有智能滤镜可见性

- 滤镜效果名称：双击"滤镜效果名称"区域，如双击"晶格化"滤镜名称区域，如图7-44所示，可以重新弹出该"滤镜"窗口，并调整该滤镜参数，如图7-45所示。

图 7-44　修改滤镜参数双击位置

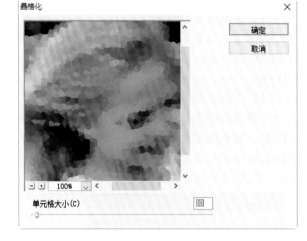

图 7-45　"晶格化"滤镜窗口

- 智能蒙版：编辑智能蒙版可以有选择地隐藏智能滤镜效果，使滤镜只作用图像的一部分，智能蒙版操作与图层蒙版操作相同，即用黑色来隐藏智能滤镜效果，白色显示智能滤镜效果。灰色半透明显示智能滤镜效果。

### ✧ 任务实现

① 执行【Ctrl+N】组合键，弹出"新建"对话框，建立一个名称为"淘宝网标志"，宽度为800像素，高度为800像素，分辨率为72像素/英寸的画布。

② 设置前景色为橘黄色RGB(235,100,25)，执行【Ctrl+Alt+Shift+N】组合键，新建图层并将其命名为"淘宝网标志"，选择【工具面板】中的【圆角矩形工具】 █，半径设置为40像素，属性设置如图7-46所示，绘制一个如图7-47所示的圆角矩形像素。

图 7-46　"圆角矩形工具"属性设置

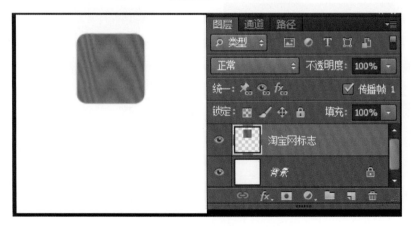

图 7-47　"圆角矩形"形状像素绘制效果

③ 选择【工具面板】中的【横排文字蒙版工具】，字体设置为"方正少儿简体"，大小为 240 点，绘制一个"淘"字选区，字符面板属性设置及选区绘制效果如图 7-48 所示。

图 7-48　字符面板属性设置及选区绘制效果

④ 执行【Delete】键，删除选区内的像素，删除效果如图 7-49 所示，执行【Ctrl+D】组合键，取消选择区域。

⑤ 选择【工具面板】中的【横排文字工具】，大小改为 210 点，输入"淘宝网"文字内容，字符面板属性设置及文字输入效果如图 7-50 所示。

图 7-49　"删除"效果　　　　　　　图 7-50　"淘宝网"文字内容输入效果

⑥ 继续输入"网址"文字内容，字符面板属性设置及文字输入效果如图 7-51 所示。

图 7-51　"字符"面板属性设置及文字输入效果

⑦ 单击图层面板中"背景层"前的眼睛图标 👁，隐藏"背景"层，执行【Ctrl+Shift+E】组合键，合并可见图层。执行【Ctrl+S】组合键，以 PSD 格式保存图像。关闭"淘宝网标志"图像窗口。

⑧ 执行【Ctrl+O】组合键，打开"形象墙素材照片"，如图 7-52 所示，执行【文件】菜单—【置入】命令，置入刚刚存储的"淘宝网标志"图层，并做如图 7-53 所示的"透视变换"。双击画布，确认置入过程。

图 7-52 "形象墙素材照片"效果　　　　图 7-53 "置入对象"透视变换效果

⑨ 执行【Ctrl+J】组合键两次复制"淘宝网标志层"生成 2 个副本，将"淘宝网标志层"拖曳到图层面板的最上方，将副本 2 重命名为"淘宝网标志立体"，将副本 1 命名为"淘宝网标志阴影"，图层面板状态如图 7-54 所示。

⑩ 双击"淘宝网标志"层，在弹出的图层样式对话框中选择"光泽"样式，其参数设置如图 7-55 所示。

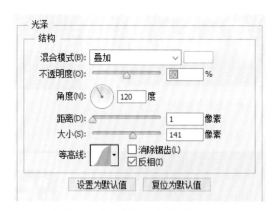

图 7-54 图层面板状态　　　　图 7-55 "光泽"样式参数设置

⑪ 继续单击"样式"列表中的"斜面和浮雕"样式，参数设置如图 7-56 所示，再单击"颜色叠加"样式，参数设置及各种样式设置效果如图 7-57 所示。

⑫ 双击"淘宝网标志立体"层，为其添加"斜面和浮雕"样式，其参数设置如图 7-58 所示，继续添加"渐变叠加"样式，渐变色从左到右依次为 0%位置的橘红色 RGB(250,90,70)，25%位置的深红色 RGB(90,10,0)，50%位置的橘红色 RGB（170，20，0），75%位置的深红色 RGB(110,10,0)及 100%位置的橘红色 RGB(250,45,45)，其他参数设置如图 7-59 所示。

图 7-56　"斜面和浮雕"样式参数设置

图 7-57　"颜色叠加"样式设置及样式设置效果

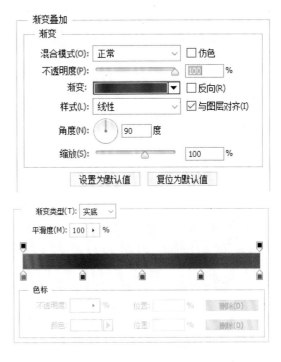

图 7-58　"斜面和浮雕"样式参数设置　　　　图 7-59　"渐变叠加"样式参数设置

⑬ 执行【Ctrl+J】组合键，复制"淘宝网标志立体"层并生成副本，按向左方向键（←），将"副本"层向左移动 1 像素。同理继续执行【Ctrl+J】组合键 7 次，继续复制图层生成副本，并将副本层向左移动 1 像素，复制图层并移动效果如图 7-60 所示。

图 7-60　图层复制并移动效果

⑭ 选择"淘宝网标志阴影"层，使其成为当前操作图层，设置该图层填充值为 0%，双击"淘宝网标志阴影"层，为其添加"颜色叠加"样式，参数设置如图 7-61 所示。

⑮ 执行【滤镜】菜单—【模糊】—【动感模糊】滤镜，其参数设置如图 7-62 所示。

图 7-61　"颜色叠加"样式参数设置

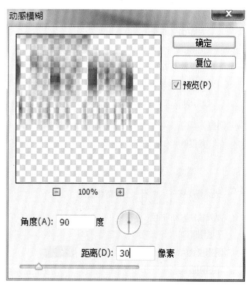

图 7-62　"动感模糊"滤镜参数设置

⑯ 执行【滤镜】菜单—【模糊】—【高斯模糊】滤镜，其参数设置如图 7-63 所示。

⑰ 执行【Ctrl+J】组合键，复制"淘宝网标志阴影"层并生成副本，双击副本层，为其继续添加"投影"样式，参数设置如图 7-64 所示。

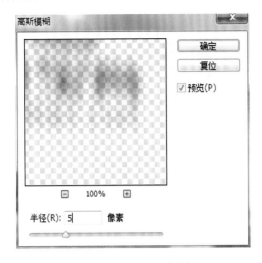

图 7-63 "高斯模糊"滤镜参数设置 　　　　　　图 7-64 "投影"样式参数设置

⑱ 双击图层面板中"淘宝网标志阴影副本"层智能滤镜下的"高斯模糊"滤镜，将"高斯模糊"滤镜中的半径值调整成 15，最终效果如图 7-65 所示。

⑲ 执行【Ctrl+S】组合键，以 PSD 格式保存文件。

图 7-65 最终效果及图层面板状态

# 任务 3 空心发光字

## ◇ 先睹为快

本任务效果如图 7-66 所示。

图 7-66　空心发光字效果

◇ **技能要点**

最大值
把通道转为选区

◇ **知识与技能详解**

**1．通道**

（1）通道概述

通道是存储不同类型信息的灰度图像，主要分为颜色通道、专色通道和 Alpha 通道 3 种类型。

① 颜色通道。颜色通道用来保存图像内容和颜色信息，图像的颜色模式决定了颜色通道的数量，如 RGB 模式图像有红、绿、蓝三个颜色通道和一个复合通道，如图 7-67 所示，CMYK 模式图像有青色、洋红、黄色、黑色四个颜色通道和一个复合通道，如图 7-68 所示，灰度模式图像只有一个灰色通道，如图 7-69 所示。

图 7-67　RGB 模式颜色通道　　　图 7-68　CMYK 模式颜色通道　　　图 7-69　灰度模式颜色通道

颜色通道中的灰色代表了这种颜色的含量，明亮的区域表示这种颜色含量多，暗的区域表示这种颜色含量少，如果在图像中增加某种颜色，可以将相应的通道调亮，相反，要减少某种颜色，将相应的通道变暗即可。当颜色通道发生变化时会影响图像的颜色变化，调整命令中的"色阶"和"曲线"命令都包含颜色通道选项。

如打开如图 7-70 所示的素材图片，执行【图像】菜单—【调整】—【色阶】命令，打开"色阶"对话框，在"通道"下拉列表框中选择"红"，调整亮度色阶向左移动，将红色通道变亮，如图 7-71 所示，单击"确定"按钮，图像颜色变化如图 7-72 所示，同理，调整暗度色阶向右移动，将红色通道变暗，图像颜色变化如图 7-73 所示。

② 专色通道。专色通道是一种特殊的颜色通道，用来存储专色，专色是特殊的预油墨，用来替代或补充印刷色（CMYK）油墨，它可以使用除了青、品红、黄和黑以外的颜色来绘制图像，在打印时要求有专用的印版。专色通道一般很少使用，且多与打印相关，所有大家简单了解即可。

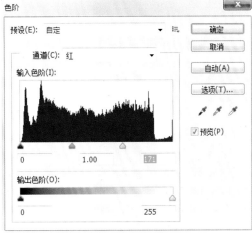

<table>
<tr><td>图 7-70　素材图片</td><td>图 7-71　色阶对话框</td></tr>
</table>

图 7-72　增加红色图像颜色变化效果　　　　图 7-73　减少红色图像颜色变化效果

③ Alpha 通道。Alpha 通道是用来存放选区和蒙版的灰度图，它最基本的作用是用来保存选区，用 Alpha 通道保存选区并不会影响图像的显示和印刷效果。在 Alpha 通道中，白色代表选区范围，黑色代表非选区范围，灰色代表羽化的选区范围。在编辑 Alpha 通道时，用白色涂抹 Alpha 通道可以扩大选区范围，黑色编辑 Alpha 通道会缩小选区范围，灰色编辑 Alpha 通道会增加选区的羽化范围。通过各种描绘工具及各种滤镜编辑 Alpha 通道可以精确地确定选区范围。

（2）通道面板

"通道"面板如图 7-74 所示，主要用来创建和管理所有的通道，当创建或打开一个图像时，在通道面板中会自动显示该图像的复合通道和颜色通道。

● 将通道作为选区载入：单击此按钮时，可以将当前选择通道作为选区载入，白色表示选区范围，黑色代表非选区范围，灰色代表羽化的选区。

● 将选区存储为通道：单击此按钮时，可以将选区以 Alpha 通道的形式保存在通道面板中。选区范围在通道面板中用白色保存，非选区范围在通道面板中用黑色保存，羽化的选区用灰色保存。

● 创建新通道：单击此按钮时可以创建新的 Alpha 通道。

● 删除当前通道：单击此按钮可以删除当前选择的通道。

在通道面板中我们不仅可以创建新通道，还可以复制或删除通道，通道的管理不仅可以通过"通道"面板下方的按钮实现，还可以通过"通道"菜单实现，如图 7-75 所示。

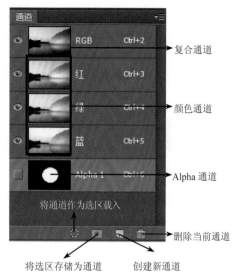

图 7-74 "通道"面板

图 7-75 通道菜单

**2. "最大值"滤镜**

"最大值"滤镜属于"其他"滤镜组中的一个滤镜，主要用来扩大高光区范围，缩小阴影区范围。其对话框如图 7-76 所示，参数半径选项主要用来控制扩大的范围，在图层中执行最大化滤镜对比效果如图 7-77 所示。如果是在蒙板或通道下工作，则会扩大选择区域，效果如图 7-78 所示。

图 7-76 "最大值"滤镜对话框

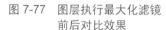

图 7-77 图层执行最大化滤镜
前后对比效果

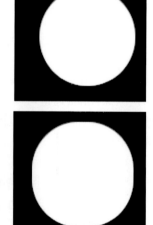

图 7-78 通道执行最大化滤
镜前后对比效果

◆ **任务实现**

① 执行【Ctrl+N】组合键新建一个文件，弹出"新建"对话框，建立一个名称为"空心发光字"，宽度为 300 像素，高度为 350 像素，分辨率为 72 像素/英寸的画布，参数设置如图 7-79 所示。

② 切换到【通道】面板，单击如图 7-80 所示通道面板下方的【创建新通道】按钮，创建一个 Alpha 1 通道，创建效果如图 7-81 所示。

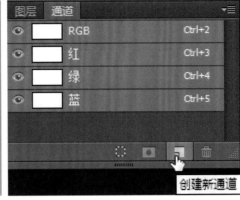

图 7-79 "新建"对话框　　　　　　　　图 7-80 通道面板

图 7-81 "Alpha 通道"创建效果

③ 设置前景色为白色，选择【工具面板】中的【横排文字工具】T，工具属性设置如图 7-82 所示，输入"空心发光字"内容，输入过程如图 7-83 所示。按【Enter】键，确认输入过程，移动文字到中间位置，效果如图 7-84 所示。执行【Ctrl+D】组合键，取消选择区域。

图 7-82 "横排文字工具"属性设置

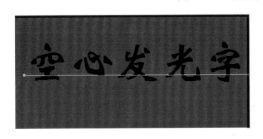

图 7-83 文字输入过程　　　　　　　　图 7-84 文字调整效果

④ 拖曳 Alpha 1 通道到【创建新通道】按钮上，复制 Alpha 1 通道得到 Alpha 1 副本。

⑤ 选择 Alpha 1 副本通道，执行【滤镜】菜单—【其他】—【最大值】滤镜，设置半径为 1 像素，滤镜参数设置及滤镜效果如图 7-85 所示。

图 7-85　"最大值"滤镜参数设置及滤镜效果

⑥ 执行【滤镜】菜单—【模糊】—【高斯模糊】滤镜，设置模糊半径为 3 像素左右。模糊滤镜参数设置及滤镜效果如图 7-86 所示。

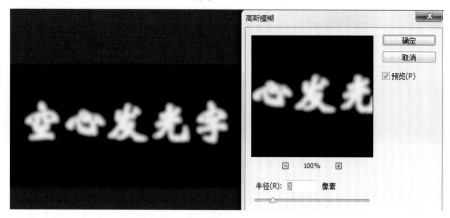

图 7-86　模糊滤镜参数设置及滤镜效果

⑦ 执行【选择】菜单—【载入选区】命令，打开载入选区命令对话框，参数设置如图 7-87 所示。载入 Alpha 1 通道的选区。

⑧ 设置背景色为黑色，按【Delete】键，删除 Alpha 1 副本通道选区内的像素。按【Ctrl+D】键取消选区。效果如图 7-88 所示。

图 7-87　载入选区对话框

图 7-88　删除效果

⑨ 单击通道面板下面的【把通道转为选区】⊘按钮，如图 7-89 所示，把 Alpha 1 副本通道转化为选区，然后单击 RGB 通道，切换回图层面板。设置前景色为紫色 RGB（200，5，250），按【ALT+DELETE】组合键填充选区，填充效果如图 7-90 所示。执行【Ctrl+D】组合键，取消选区。

图 7-89  "通道"面板

图 7-90  填充效果

⑩ 执行【文件】菜单-【存储为】命令，保存图像。

## 任务 4  描边字

### ◇ **先睹为快**

本任务效果如图 7-91 所示。

图 7-91  玻璃文字效果

### ◇ **技能要点**

浮雕效果

### ◇ **知识与技能详解**

风格化滤镜组主要是通过移动选区内的像素和提高图像中的对比度来产生一种绘画式或风格派艺术效果。"浮雕"滤镜属于"风格化"滤镜组中的一个滤镜，它主要通过勾画图像或选区的轮廓并降低周围像素颜色值来产生凹凸不平的浮雕效果。其对话框如图 7-92 所示，参数"角度"用来设置浮雕的角度，即浮雕的迎光面和背光面角度；"高度"用来控制浮雕凸起的高度；"数量"用来设置图像细节和颜色保留程度。执行"浮雕效果"滤镜前后对比效果如图 7-93 所示。

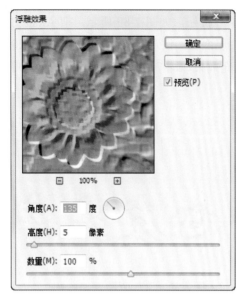

图 7-92　"浮雕效果"滤镜对话框　　　　图 7-93　"浮雕效果"滤镜执行前后对比效果

## ✧ 任务实现

① 执行【Ctrl+N】组合键，弹出"新建"对话框，建立一个名称为"描边字"，宽度为300 像素，高度为 150 像素，分辨率为 72 像素/英寸的画布。

② 切换到【通道】面板，点击通道面板下方的【创建新通道】▣，创建一个新通道Alpha 1。

③ 选择【工具面板】中的【横排文字工具】T，输入"描边字"文字内容（选择比较粗的字体），并适当调整字符间距。

④ 选择【工具面板】中的【移动工具】▶+，将文字移动到画面中央的位置，效果如图7-94 所示。执行【Ctrl+D】组合键，取消选区。

图 7-94　"描边字"内容输入并调整效果

⑤ 拖曳 Alpha 1 通道到【创建新通道】▣按钮上，复制 Alpha 1 通道得到 Alpha 1 副本通道。

⑥ 选择 Alpha 1 副本通道，执行【滤镜】菜单—【模糊】—【高斯模糊】命令，设置半径为 4 像素左右，对文字进行高峰模糊，高斯模糊滤镜参数设置及滤镜效果如图 7-95所示。

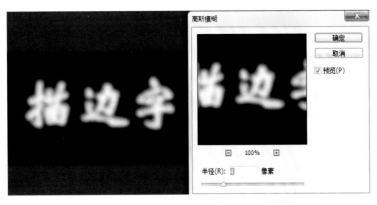

图 7-95　"高斯模糊"滤镜参数设置及滤镜效果

⑦ 执行【滤镜】菜单—【风格化】—【浮雕效果】命令，为文字添加浮雕效果，参数设置及效果如图 7-96 所示。

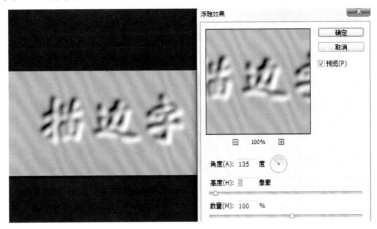

图 7-96　"浮雕效果"滤镜参数设置及滤镜效果

⑧ 执行【选择】菜单—【载入选区】命令，打开载入选区命令对话框，参数设置如图 7-97 所示。单击确定按钮，在 Alpha 1 副本上载入 Alpha 1 通道外的所有选择区域，如图 7-98 所示。

图 7-97　载入选区对话框

图 7-98　载入选区效果

⑨ 设置背景色为黑色，按【Delete】键，弹出如图 7-99 所示的"填充"对话框，单击"确定"按钮，删除 Alpha 1 副本通道选区内的像素。按【Ctrl+D】键取消选区。删除效果如图

7-100 所示。

图 7-99　"填充"对话框

图 7-100　"删除"效果

⑩　拖曳 Alpha 1 通道到【创建新通道】□按钮上，复制 Alpha 1 通道得到 Alpha 1 副本 2 通道，如图 7-101 所示。

⑪　选择 Alpha 1 副本 2 通道，执行【滤镜】菜单—【其他】—【最大值】命令，如图 7-102 所示，设置半径参数为 1 像素，扩大文字区域。

图 7-101　通道面板

图 7-102　"最大值"滤镜对话框

⑫　拖曳 Alpha 1 通道到【创建新通道】□按钮上，复制 Alpha 1 通道得到 Alpha 1 副本 3 通道。选择 Alpha 1 副本 3 通道，执行【滤镜】菜单—【其他】—【最大值】命令，如图 7-103 所示，设置半径参数为 2 像素，扩大文字区域。

图 7-103　"Alpha1 副本 3"执行"最大值"滤镜

⑬　选择 Alpha 1 副本 3 通道，执行【选择】菜单—【载入选区】命令，在打开的载入选区命令对话框中，通道下拉列表框参数中选择 Alpha 1 副本 2，操作参数选择新建选区，如图7-104 所示。单击确定按钮，在 Alpha 1 副本 3 上载入 Alpha 1 副本 2 通道的选择区域，如图7-105 所示。

图 7-104　"载入选区"对话框

图 7-105　选区载入效果

⑭　按【Delete】键删除选区内的像素，删除效果如图 7-106 所示，执行【Ctrl+D】组合键，取消选区。

⑮　单击通道面板下面的【把通道转为选区】按钮，把 Alpha 1 副本 3 通道转化为选区，然后单击 RGB 通道，返回到 RGB 彩色模式。

⑯　切换到图层面板，设置前景色为红色 RGB(255,0,0)，执行【Alt+Delete】组合键填充选区，填充效果如图 7-107 所示，执行【Ctrl+D】组合键，取消选区。

图 7-106　删除效果

图 7-107　填充效果

⑰　执行【Ctrl+Alt+Shift+N】组合键，新建图层 2，同理载入 Alpha 1 副本通道的选择区域，把前景色颜色设置为蓝色 RGB(0,0,255)，执行【Alt+Delete】组合键填充选区，按 Ctrl+D 取消选区，填充效果如图 7-108 所示。

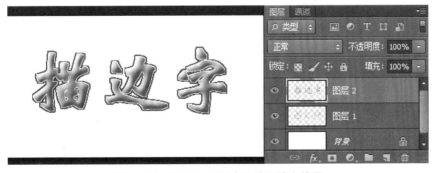

图 7-108　"Alpha 1 副本"选区填充效果

# 任务 5　玻璃文字制作效果

## ✧ 先睹为快

本任务效果如图 7-109 所示。

图 7-109　玻璃文字效果

## ✧ 技能要点

位移滤镜
计算命令
应用图像命令

## ✧ 知识与技能详解

### 1．位移滤镜

"位移"滤镜属于"其他"滤镜组中的一个滤镜，如图 7-110 所示，它可以根据如图 7-111 所示的对话框中的数值对图像中的像素进行水平或垂直方向的移动。其中"未定义区域"选项用来设置图像中的像素移动后空白区域的填充方式。

图 7-110　"其他"滤镜组

图 7-111　"位移"对话框

打开如图 7-112 所示的素材图像，执行"位移"滤镜时，"未定义区域"分别选择"设置为透明"、"重复边缘像素"、"折回"选项对比效果如图 7-113 所示。

图 7-112　"人物"素材图像

图 7-113　未定义区域选择不同选项对比效果

### 2. 计算命令

计算命令可以用来将一个或多个源图像中的两个单色通道通过模式叠加的方式进行合成，并将合成后的结果保存到一个新图像中或新通道中或当前图像的选区中，通过"计算"命令可以创建新的通道或选区或创建新的黑白图像文件。用户可以利用计算命令做出特殊效果，也可以利用计算命令精确选择高光、阴影与中间调。

如打开如图 7-114 所示的天空素材和闪电素材图片，经过"计算"命令得到的混合效果如图 7-115 所示，计算命令对话框如图 7-116 所示。

图 7-114　"天空"素材和"闪电"素材图像　　　　　图 7-115　"计算"混合效果

图 7-116　"计算"对话框

- 源 1：用于参与计算的第一幅图像（默认为当前编辑的图像）。
- 图层：选择要使用的图层。
- 通道：第一幅源图像中要进行计算的通道名称。
- 源 2：用于参与计算的第二幅图像。
- 混合：选择图像合成的模式。
- 结果：选择如何应用混合模式后得到的结果。"新通道"表示将计算的结果以 ALPHA 通道的形式保存在当前图像的通道中。"选区"选项是将计算的结果转换成一个选区加载到当前编辑图像中。"新建文档"选项是将计算的结果加载到一个新建的图像中。

✎ **提示**

　源 1 和源 2 既可以是同一副图像，即同一副图像的不同通道进行计算。也可以是不同的图像，即不同的图像之间选择通道计算，选择不同图像计算时，这 2 副不同图像的大小、分辨率、格式必须相同。

**3．应用图像命令**

应用图像命令可以将来自同一幅图像或不同图像之间的图像与图像、图像与图层、图像与通道、图层与图层、图层与通道，通道与通道进行混合叠加，混合的结果直接作用于当前图像或图层。

如打开图 7-117 所示的茶杯素材和人物素材图片，经过"应用图像"命令得到的混合效果如图 7-118 所示，"应用图像"命令对话框如图 7-119 所示。

图 7-117 "茶杯"素材和"人物"素材图片　　　　图 7-118 "应用图像"合成效果

图 7-119 "应用图像"对话框参数设置

● 源：该选项显示的是与当前操作的图像等同大小的图像窗口，从中可以选择一幅图像与当前图像混合。

● 图层：选择源图像中参与应用计算的图层 ，当不存在图层时，默认为"背景层"选项；当存在多个图层时，除可以选择某一个图层外，还可以选择"合并的"选项，表示选择所有图层。

● 通道：选择源图像中参与应用计算的通道，当"反相"复选框选中时，则将所选通道反相后再进行应用计算。

● 混合：选择要应用的混合模式。应用图像的混合模式与图层混合模式基本相同，只是比"图层混合模式"增加和"相加"和"减去"两种模式，相加模式可将目标和源的像素相加，常用于组合非重叠式图像。"减去"模式是从目标中减去源的像素值。

● 不透明度：用于设置混合叠加效果的不透明度，值越小混合的强度越弱。

● 保留透明区域：选中此复选框时，只对不透明区域进行应用计算。

● 蒙板：此选项选中时，会弹出下级选项，在该选项中可以选择一个图像窗口的图层或通道作为蒙板来参与计算，通过蒙板黑色区域的隐藏，白色区域的显示来控制混合区域的范围，蒙板的灰色区域控制混合的强度。

✎ **提示**

应用图像命令的混合结果可以是彩色的，并且可以直接改变目标图片，计算命令的结果只能是灰度的，混合的结果可以生成选区或通道备用。

✧ **任务实现**

① 执行【Ctrl+N】组合键，弹出"新建"对话框，建立一个名称为"玻璃文字"，宽度为 600 像素，高度为 300 像素，如图 7-120 所示，单击"确定"按钮。

② 按【D】键恢复默认的前景色（黑色）和背景色（白色），选择【工具面板】中的【横排文字工具】T，字符面板属性设置如图 7-121 所示，输入"玻璃文字"内容。

图 7-120  新建对话框

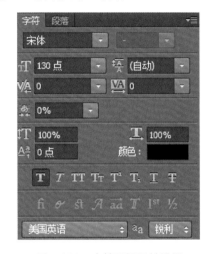

图 7-121  字符面板属性设置

③ 按住【Ctrl】键，单击背景层，同时选中"背景层"和"玻璃文字"层，选择【工具面板】中的【移动工具】，单击工具属性栏中的"水平居中对齐"属性，如图 7-122 所示，再单击"垂直居中对齐"属性，将文字移动到画面中央的位置，执行【Ctrl+E】键，将文字层与背景层合并，效果如图 7-123 所示。

图 7-122  移动工具属性栏设置

图 7-123  文字调整效果

④ 执行【图像】菜单—【复制】命令，复制图像得到"玻璃文字副本"图像。

⑤ 使"玻璃文字副本"图像成为当前操作图像窗口，执行【滤镜】菜单—【模糊】—【高斯模糊】命令，半径设置为 5 像素左右，参数设置及滤镜效果如图 7-124 所示。

图 7-124 "高斯模糊"滤镜参数设置及滤镜效果

⑥ 执行【滤镜】菜单—【其他】—【位移】命令，参数设置如图 7-125 所示，将"玻璃文字"内容分别向左和向下移动两像素。

⑦ 执行【图像】菜单—【计算】命令，打开"计算"对话框中，参数设置如图 7-126 所示，单击确定按钮，在通道面板生成"Alpha1"通道，效果如图 7-127 所示。

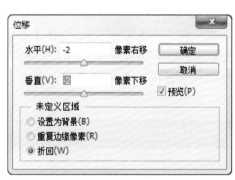

图 7-125 位移滤镜参数设置

图 7-126 计算命令参数设置

图 7-127 "Alpha1"通道生成效果

⑧ 在【通道】面板中单击 RGB 通道，切换到图层面板。执行【图像】菜单—【应用图像】命令，参数设置如图 7-128 所示。

图 7-128　应用图像命令参数设置及效果

⑨ 执行【图像】菜单—【调整】—【色相/饱和度】命令，为图像上色，参数设置及效果如图 7-129 所示。

⑩ 执行【文件】菜单—【存储为】命令，以 PSD 格式保存图像。

图 7-129　"色相/饱和度"参数设置及上色效果

# 任务 6　冰雪字制作效果

## ◇ 先睹为快

本任务效果如图 7-130 所示。

图 7-130　冰雪字效果

## ✧ 技能要点

Alpha 通道
载入选区
碎片滤镜
晶格化滤镜
铬黄渐变滤镜
风滤镜
云彩滤镜

## ✧ 知识与技能详解

**1. 像素化滤镜组**

像素是由一个个色块组成的，像素化滤镜是将单元格中颜色相近的像素结成块，再由块重新构成图像，从而使图像产生晶格、碎片效果。像素化滤镜组所包含滤镜如图 7-131 所示。这里重点介绍碎片滤镜与晶格化滤镜。

（1）"碎片"滤镜

"碎片"滤镜没有参数，主要用来创建图像四个不同角度的偏移效果，使图像产生好像拍照时相机晃动后的重影图像效果。执行碎片滤镜前后对比效果如图 7-132 所示。

图 7-131　像素化滤镜组　　　　　　　　　　图 7-132　"碎片"滤镜前后对比效果

（2）"晶格化"滤镜

"晶格化"滤镜使图像中的像素结成多边形纯色块重新绘制图像。"晶格化"滤镜对话框如图 7-133 所示，参数只包含单元格大小的设置，值越大图像就会面目全非。单元格大小设置为 10 与 50 的对比效果如图 7-134 所示。

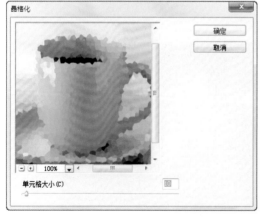

图 7-133　"晶格化"滤镜对话框　　　　　　图 7-134　单元格大小值不同对比效果

**2．云彩滤镜**

"云彩"滤镜属于"渲染"滤镜组中的一个滤镜，它没有对话框，主要作用是随机混合分布前景色和背景色，为图层或选区填充柔和的云彩图案。

**3．铬黄渐变滤镜**

铬黄渐变滤镜属于滤镜库素描滤镜组中的一个滤镜，素描滤镜组主要用于创建手绘图像的效果，除了"水彩画笔"滤镜是以图像的整体色彩为调整对象外，其他的滤镜都是用黑、白、灰三色来替换图像中的色彩。"铬黄"滤镜可以将图像处理成银质的铬黄表面效果，使图像产生液体金属的质感，亮部为高反射点，暗部为低反射点。其对话框如图 7-135 所示，对话框中的"细节"参数用于设置图像细节保留程度，"平滑度"用于设置生成图像的光滑程度。

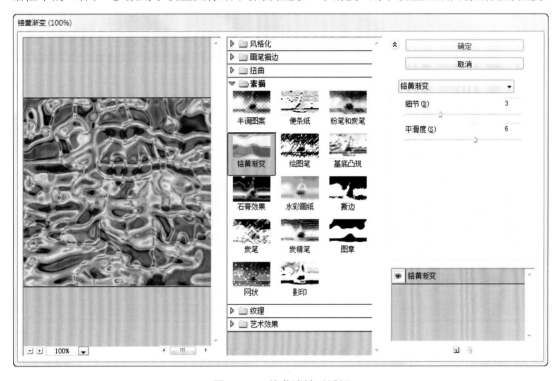

图 7-135　铬黄滤镜对话框

**4．风滤镜**

风滤镜属于风格化滤镜组中的一个滤镜，用于在图像中创建细小的水平线来模拟刮风的效果，它只对图像的边缘起作用，其对话框如图 7-136 所示。对话框中的"方法"参数包括风、大风、飓风三种类型，对线段分别执行"风"、"大风"、"飓风"不同效果如图 7-137 所示。

### ✧ 任务实现

① 执行【Ctrl+N】组合键，弹出"新建"对话框，建立一个名称为"冰雪文字"，宽度为 700 像素，高度为 350 像素，分辨率为 72 像素/英寸的画布。

② 设置前景色为蓝色 RGB(220,90,60)，背景色为浅蓝色 RGB(90,170,220)。选择【工具面板】中的【渐变工具】，按住【Shift】键，从上到下拖曳鼠标左键渐变填充背景层。

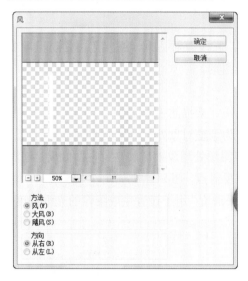

图 7-136　"风"滤镜对话框

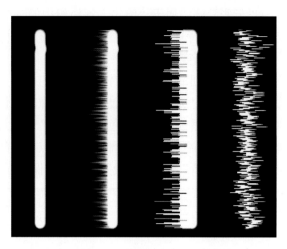

图 7-137　方法参数不同对比效果

③ 选择【工具面板】中的【横排文字工具】 **T**，字符属性设置如图 7-138 所示，输入如图 7-139 所示的文字内容。

图 7-138　"字符"属性设置

图 7-139　文字输入效果

④ 按住【Ctrl】键，单击"冰雪文字"层的图层缩览图，载入文字选区，选区载入效果如图 7-140 所示。

⑤ 切换到"通道"面板，单击"通道"面板下方的"将选区存储为通道"按钮 **⬛**，如图 7-141 所示，用通道存储选区，生成 Alpha1 通道，效果如图 7-142 所示。

图 7-140　选区载入效果

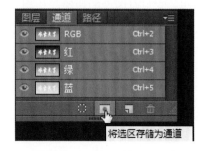

图 7-141　"通道"面板单击位置

⑥ 切换到"图层"面板，执行【Ctrl+D】组合键，取消选区。执行【Ctrl+E】组合键，将"冰雪文字"层合并到背景层，双击背景层，使其转换成图层 0，如图 7-143 所示。

图 7-142　通道存储选区效果

图 7-143　图层面板状态

⑦ 执行【滤镜】菜单—【像素化】—【碎片】命令，为"图层 0"添加"碎片"滤镜，效果如图 7-144 所示。

⑧ 执行【Ctrl+F】组合键两次，继续为"图层 0"添加"碎片"滤镜，加重"碎片"效果。

⑨ 执行【滤镜】菜单—【像素化】—【晶格化】滤镜，效果如图 7-145 所示，执行【Ctrl+F】组合键两次。

图 7-144　"碎片"滤镜效果

图 7-145　"晶格化"滤镜效果

⑩ 切换回"通道"面板，选择"Alpha1"通道，如图 7-146 所示。在"Alpha1"通道上单击鼠标右键，在弹出的如图 7-147 所示的右键快捷菜单中选择"复制通道"选项，生成"Alpha1 副本"通道，如图 7-148 所示。

图 7-146　"Alpha1"通道选择效果

⑪ 执行【滤镜】菜单—【模糊】—【高斯模糊】滤镜，半径参数设置为 6，为"Alpha1副本"通道添加高斯模糊滤镜，效果如图 7-149 所示。

图 7-147　右键快捷菜单

图 7-148　通道复制效果

图 7-149　高斯模糊参数设置及模糊效果

⑫ 执行【图像】菜单—【调整】—【色阶】命令，提高"Alpha1"通道像素对比度，调整参数及调整效果如图 7-150 所示。

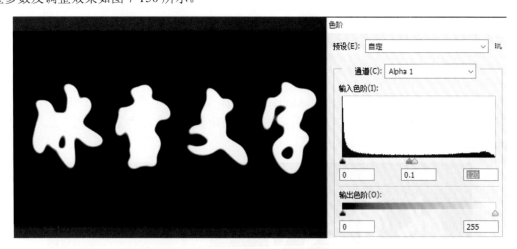
图 7-150　色阶调整参数设置及调整效果

⑬ 切换到"图层"面板，执行【选择】菜单—【载入选区】命令，打开如图 7-151 所示"载入选区"对话框，在"通道"下拉菜单中选择"Alpha1 副本"，载入"Alpha1 副本"的选区，效果如图 7-152 所示。

⑭ 按【D】键恢复默认的前景色与背景色，执行【Ctrl+Alt+Shift+N】组合键，新建"图层1"，执行【滤镜】菜单—【渲染】—【云彩】滤镜，效果如图 7-153 所示。

图 7-151　"载入选区"对话框

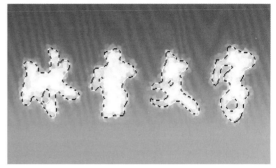

图 7-152　选区载入效果

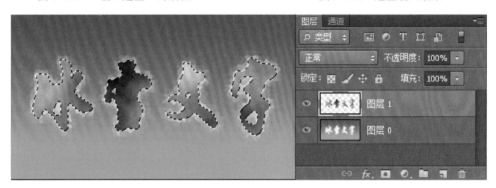

图 7-153　"云彩"滤镜效果

⑮ 执行【滤镜】菜单—【滤镜库】命令，在如图 7-154 所示的"滤镜库"对话框中选择"素描"组中的"铬黄渐变"滤镜，单击确定按钮。

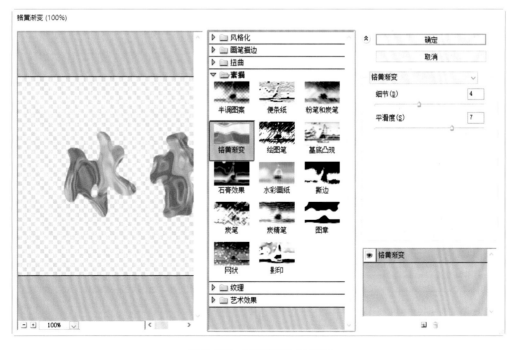

图 7-154　"滤镜库"对话框

⑯ 双击"图层 1"，在弹出的"图层样式"对话框中选择"内发光"样式，发光颜色为蓝色 RGB（70，140，200），其他参数设置如图 7-155 所示。

⑰ 将"图层 1"的"混合模式"由"正常"改为叠加，"叠加"混合模式改变前后对比效果如图 7-156 所示。

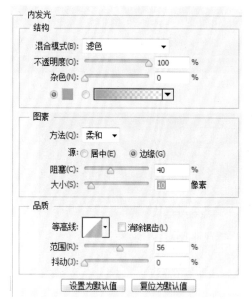
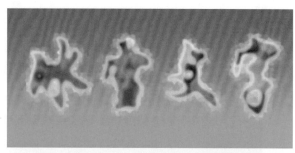

图 7-155 "内发光"样式参数设置　　　图 7-156 "叠加"混合模式设置前后对比效果

⑱ 执行【Ctrl+Alt+Shift+E】组合键，盖印底部所有图层，并生成"图层 2"，图层面板状态如图 7-157 所示。

⑲ 执行【选择】菜单—【载入选区】命令，打开如图 7-158 所示"载入选区"对话框，在"通道"下拉菜单中选择"Alpha1"，载入"Alpha1"的选区，选区载入效果如图 7-159 所示。

图 7-157 图层面板状态　　　　　　图 7-158 "载入选区"对话框

⑳ 执行【选择】菜单—【反向】命令（或执行【Ctrl+Shift+I】组合键），获得当前选区的相反区域，按【Delete】键，删除选区，删除效果如图 7-160 所示（隐藏图层 0 查看）。执

行【Ctrl+D】组合键，取消选区。

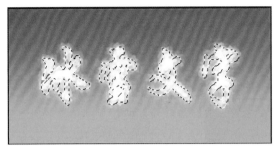
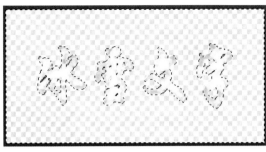

图 7-159　"选区"载入效果　　　　　　　　　　图 7-160　选区内像素删除效果

㉑ 执行【图像】菜单—【图像旋转】—【90 度（顺时针）】，旋转图像画布，旋转效果如图 7-161 所示。

㉒ 执行【滤镜】菜单—【风格化】—【风】命令，打开 "风" 对话框，参数设置如图 7-162 所示。执行【Ctrl+F】组合键，再次加深"风"滤镜，效果如图 7-163 所示。

㉓ 执行【图像】菜单—【图像旋转】—【90 度（逆时针）】，效果如图 7-164 所示。

㉔ 执行【文件】菜单—【存储为】命令，以 PSD 格式保存图像。

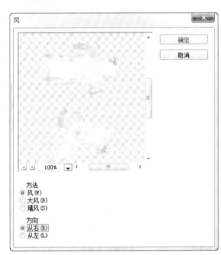

图 7-161　画布旋转效果　　　　　图 7-162　"风"滤镜对话框　　　　　图 7-163　"风"滤镜效果

图 7-164　最终效果

# 任务 7  火焰字制作

## ✧ 先睹为快

本任务效果如图 7-165 所示。

图 7-165  火焰字效果

## ✧ 技能要点

液化滤镜

## ✧ 知识与技能详解

"液化"滤镜是修饰图像和创建艺术效果的强大工具。它可用于推、拉、旋转、反射、折叠和膨胀图像的任意区域，允许我们对当前图像进行细微的或剧烈的扭曲。弹出"液化"滤镜对话框，如图 7-166 所示。

图 7-166  "液化"滤镜对话框

（1）工具选项
- 画笔大小：指定变形工具的影响范围。
- 画笔压力：指定变形工具的作用强度。
- 光笔压力：是否是用光笔绘图板读出的压力。

（2）重建选项
- 恢复全部按钮：单击此按钮，可以将图像恢复至变形前的状态。

（3）镜头矫正滤镜工具栏
- 向前变形工具：在图像上向前推动像素产生变形效果。
- 重建工具：对变形的图像进行完全或部分的恢复。
- 褶皱工具：当按住鼠标按钮或来回拖拽时像素靠近画笔区域的中心。
- 膨胀工具：当按住鼠标按钮或来回拖拽时像素原理画笔区域的中心。
- 左推工具：移动与鼠标拖动方向垂直的像素。
- 抓手工具：当图像无法完整显示时，可以使用此工具对其进行移动操作。
- 缩放工具：可以放大或缩小图像。按 Alt+单击也可实现该工具。

✎ **提示**

液化命令只对 RGB 颜色模式、CMYK 颜色模式、LAB 颜色模式和灰度模式中的 8 位图像有效。

（4）高级模式

勾选高级模式选框后，"镜头矫正"工具栏效果如图 7-167 所示。

- 膨胀工具：当按住鼠标按钮或来回拖拽时像素原理画笔区域的中心。

- 冻结蒙版工具：使用此工具绘制不会被扭曲的区域。
- 解冻蒙版工具：使用此工具使冻结的区域解冻。

图 7-167 勾选"高级模式"后的工具栏

① 载入

● 载入网格：从弹出的窗口中选择要载入的网格。

● 存储网格：存储当前的变形网格。

② 工具选项

● 画笔大小：指定变形工具的影响范围。

● 画笔压力：指定变形工具的作用强度。

● 画笔速率：调节湍流的紊乱度。

● 光笔压力：是否是用光笔绘图板读出的压力。

③ 重建

● 重建：单击按钮，可以依照选定的模式重建图像，弹出如图 7-168 所示的对话框。

● 重建模式：可以选择重建的模式，共有恢复的、刚硬的、僵硬的、平滑的、疏松的、置换、膨胀的和相关的八种模式。

④ 蒙版选项

蒙版选项中包括有"替换选区"按钮、"添加到选区"按钮、"从选区中减去"按钮、"与选区交叉"按钮和"相反选区"按钮，如图 7-169 所示。

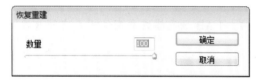

图 7-168 "恢复重建"对话框 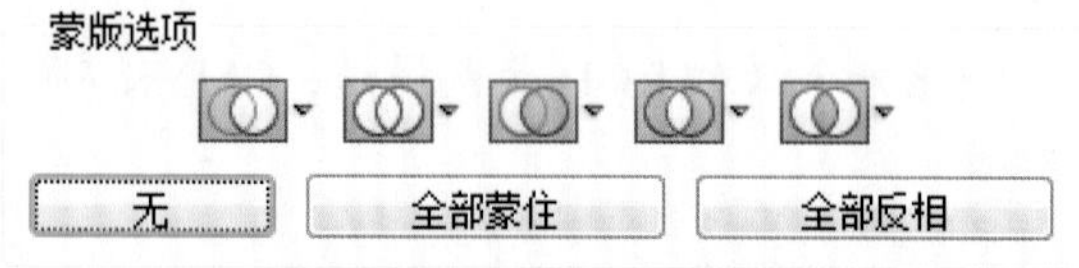     图 7-169 "蒙版选项"对话框

● 无（全部解冻）：将所有的蒙版区域清除。

● 全部蒙住：将图层整体添加一个蒙版区域。

● 全部反相：将绘制的蒙版区域与未绘制的区域进行转换。

⑤ 视图选项

● 显示图像：勾选此选项，在预览区中将显示要变形的图像。

● 显示网格：勾选此选项，在预览区中将显示网格。

● 网格大小：选择网格大、中、小。

● 网格颜色：选择网格的颜色，如图 7-170 所示，可选颜色有 7 种。

● 显示蒙版：勾选此选项，在预览区中将显示蒙版区域。

● 蒙版颜色：指定冻结蒙版区域的颜色。

图 7-170 "网格颜色"下拉列表

● 显示背景：包括使用"所有图层"，模式选项如图 7-171 所示，不透明度如图 7-172 所示。

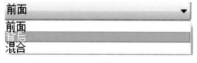 

图 7-171 "模式"选项     图 7-172 "不透明度"选项

## ◆ 任务实现

① 执行【Ctrl+N】组合键，弹出"新建"对话框，建立一个名称为"防火讲座宣传海线"，

宽度为 600 像素、高度为 800 像素、分辨率为 72 像素/英寸（打印 300 像素/英寸），颜色模式为 RGB，背景内容为白色的新画布。

② 设置前景色为深棕色 RGB（20,15,10），执行【Alt+Delete】组合键，填充背景层。执行【Ctrl+Alt+Shift+N】组合键，新建图层 1，单击"背景层"的眼睛图标，隐藏背景层。

③ 选择【工具面板】中的【钢笔工具】 ，鼠标左键单击绘制如图 7-173 所示的路径。执行【Ctrl+Enter】组合键，将路径转换为选区，如图 7-174 所示。

④ 设置前景色为深灰色 RGB（60,60,60），选择【工具面板】中的【渐变工具】 ，选择"前景色到透明色"渐变，拖曳鼠标左键，渐变填充选择区域，填充效果如图 7-175 所示。执行【Ctrl+D】组合键，取消选择区域。

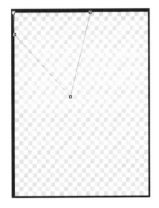 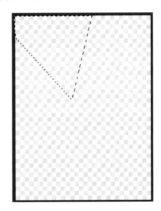 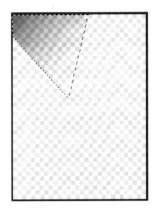

图 7-173  路径建立效果　　　　图 7-174  路径转换选区效果　　　　图 7-175  填充效果

⑤ 同理绘制如图 7-176 所示的路径，执行【Ctrl+Enter】组合键，将路径转换成选区，执行【Ctrl+Alt+Shift+N】组合键，新建图层 2，选择【工具面板】中的【渐变工具】，渐变填充选区，填充效果如图 7-177 所示。执行【Ctrl+D】键，取消选择区域。

⑥ 同理新建图层 3，选区建立并填充效果如图 7-178 所示。新建图层 4，选区建立并填充效果如图 7-179 所示，新建图层 5，选区建立并填充效果如图 7-180 所示，单击"背景层"的眼睛图标，显示背景层，效果如图 7-181 所示。

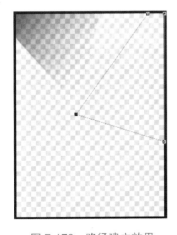 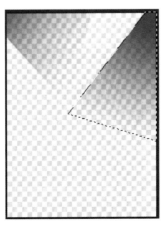 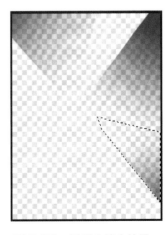

图 7-176  路径建立效果　　　　图 7-177  填充效果　　　　图 7-178  图层 3 填充效果

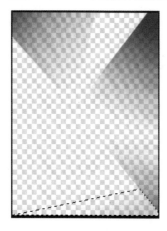

图 7-179　图层 4 填充效果　　　　图 7-180　图层 5 填充效果　　　　图 7-181　背景层显示效果

⑦　选择图层 1 到图层 5 之间的所有图层，如图 7-182 所示，执行【Ctrl+G】组合键，将选择的层编组如图 7-183 所示，重新命名组名为"背景修饰"，如图 7-184 所示。

图 7-182　图层选择效果　　　　图 7-183　选择图层编组效果　　　　图 7-184　组重命名效果

⑧　选择【工具面板】中的【横排文字工具】，字符面板属性设置如图 7-185 所示，输入如图 7-186 所示的文字内容。

⑨　使用【横排文字工具】选中"F"字母，将字符面板中的垂直缩放属性设置为 150%，调整效果如图 7-187 所示。

图 7-185　字符面板属性设置　　　　图 7-186　文字输入效果　　　　图 7-187　"F"字符调整效果

⑩ 执行【Ctrl+Alt+Shift+N】组合键，新建图层，设置前景色为白色，选择【工具面板】中的【矩形工具】，工具模式属性选择"像素"，绘制如图 7-188 所示的矩形。

⑪ 同时选择"图层 6"和文字层，执行【Ctrl+E】组合键，合并图层，并将其重命名为"文字"层，效果如图 7-189 所示。

图 7-188　"白色矩形"绘制效果

图 7-189　图层合并效果

⑫ 执行【Ctrl+J】组合键，复制文字层生成副本层，执行【滤镜】-【模糊】-【高斯模糊】命令，对文字副本层进行高斯模糊，参数设置 2 左右。

⑬ 执行【图像】—【图像旋转】—【90 度顺时针】命令，效果如图 7-190 所示。

⑭ 执行【滤镜】—【风格化】—【风】命令，弹出"风"对话框，参数设置如图 7-191 所示，再执行【Ctrl+F】键，重复执行"风"滤镜。

图 7-190　旋转画布

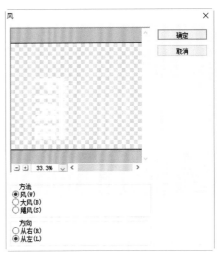

图 7-191　风滤镜对话框

⑮ 执行【图像】—【旋转图像】—【90 度逆时针】命令，将画布旋转回来。

⑯ 执行【滤镜】菜单—【模糊】—【高斯模糊】滤镜，半径设置为 4 像素左右。

⑰ 执行【滤镜】—【液化】滤镜，将画笔大小调为 55，压力定为 50，选择"向前变形工具"，在图像中描绘出火焰效果，如图 7-192 所示，单击确定按钮。效果如图 7-193 所示。

⑱ 选择"文字"层成为当前操作图层，执行【Ctrl+Alt+Shift+N】组合键，新建图层，设置前景色为黑色，执行【Alt+Delete】组合键，用黑色填充图层，图层面板状态如图 7-194 所示。

图 7-192 "液化"对话框

图 7-193 "液化滤镜"效果

图 7-194 新建图层位置

⑲ 按住【Ctrl】键，单击"文字副本"层，同时选中"文字副本"层和"图层 6"，执行【Ctrl+E】组合键，合并选择的图层。

⑳ 执行【图像】菜单—【调整】—【色相/饱和度】命令，为"文字副本"层，为文字副本层着色，参数设置及效果如图 7-195 所示。

㉑ 执行【Ctrl+J】组合键，复制"文字副本"层生成"文字副本 2"层，执行【滤镜】—【液化】滤镜，为"文字副本 2"层添加"液化"滤镜效果，执行效果如图 7-196 所示。

㉒ 执行【图像】菜单—【调整】—【色相/饱和度】命令，调整"文字副本 2"的色相/饱和度，参数设置如图 7-197 所示，设置效果如图 7-198 所示。

㉓ 改变"文字副本 2"层的混合模式为"强光"模式，效果如图 7-199 所示。

图 7-195　色相/饱和度参数设置及调整效果

图 7-196　"文字副本 2"层液化滤镜效果

图 7-197　色相/饱和度参数设置

图 7-198　色相/饱和度调整效果

图 7-199　"混合模式"调整效果

㉔ 选择【工具面板】中的【魔棒工具】 ，在"文字副本 2"黑色区域单击鼠标左键，建立选区，按【Delete】键，删除选区内像素，执行【Ctrl+D】组合键，取消选择区域。同理删除"文字副本"层的黑色像素。效果如图 7-200 所示。

㉕ 显示"文字"层，并将其拖曳到图层面板的最上方。设置前景色板的颜色为黄色 RGB(245,190,75)，背景色为红色 RGB（215，60，0）。

㉖ 按住【Ctrl】键，单击"文字"层缩览图，载入"文字"层的选择区域，选择【工具面板】中的【渐变工具】，重新渐变填充文字层，填充效果如图 7-201 所示。

图 7-200 "文字副本"层与"副本 2"层黑色像素删除效果

㉗ 选择【工具面板】中的【涂抹工具】，涂抹文字层，涂抹效果如图 7-202 所示。

图 7-201 "文字"层填充效果

图 7-202 "文字"层涂抹效果

㉘ 单击图层面板下方的"创建新的填充或调整图层"按钮，在弹出的快捷菜单中选择"色相/饱和度"选项，参数设置及最终效果如图 7-203 所示。

图 7-203 "色相/饱和度"调整层调整参数及效果

# 任务 8　3D 立体文字制作

## ◇ 先睹为快

本任务效果如图 7-204 所示。

图 7-204　3D 立体文字效果

## ◇ 技能要点

"3D"面板

## ◇ 知识与技能详解

3D 对象创建之后，可以打开如图 7-205 所示的"3D"面板，对"3D"对象进行调整，单击"滤镜：网格"按钮，可以打开如图 7-206 所示的"网格"属性面板，进行网格属性的相关设置。单击"滤镜：材质"按钮，可以打开如图 7-207 所示的"材质"属性面板，"材质"属性各参数调整效果预览图如图 7-208 所示，　单击"滤镜：光源"按钮，可以打开如图 7-209 所示的"光源"属性面板，通过相关属性面板对 3D 对象进行调整。

图 7-205　"3D"面板

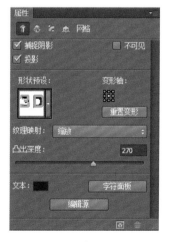

图 7-206　"网格"属性面板

- 漫射：物体本身的颜色。
- 漫射纹理：指定一张图片替代物体本身的颜色。
- 发光：设置物体自发光效果。
- 预设：为物体指定系统预设的材质效果。
- 闪亮：指定物体表面的高光效果，数值越大高光面积越小。
- 环境：指定一张图片来模拟周围的环境。
- 反射：指定物体具有像镜子一样反射周围景物的效果，数值越大反射效果越强。
- 粗糙度：指定物体的粗糙程度，数值越大物体表面越粗糙，可使物体的反射变得模糊。
- 凹凸：通过纹理方法来产生表面凹凸不平的视觉效果。
- 不透明度：数值越低物体变得越透明，0 是完全透明，100 为不透明。
- 折射：调节透明物体的折射率。

图 7-207 "材质"属性面板

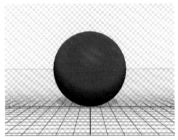

1 漫射为红色

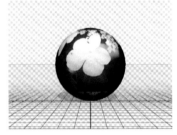

2 漫射纹理

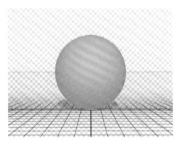

3 发光效果

4 预设红砖效果

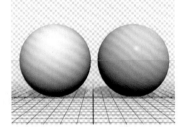

5 闪亮 0-100 的对比

6 设置环境贴图

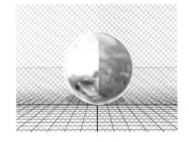

7 粗糙度 30 反射变得模糊

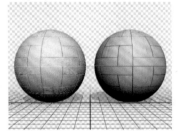

8 凹凸纹理与漫射纹理对比

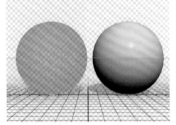

9 不透明度 50 与 100 的对比，物体变成半透明

图 7-208 "材质"属性各参数调整效果预览

图 7-209　"光源"属性

- 预设：系统预设的各种环境下的光，包括蓝光、日光、夜色等效果。
- 类型：包括点光、聚光灯和无限光。点光相当于灯泡照明效果，聚光灯相当于有照射方向的探照灯照明效果，无限光相当于自然光效果。
- 颜色与强度：灯光的颜色和灯的亮度。
- 阴影：灯光是否产生物体的投影。
- 柔和度：物体被灯光照射后投影的柔和度，设置恰当让光景更真实。

### ✧ 任务实现

① 执行【Ctrl+N】组合键新建一个文件，大小为 800*500 像素，参数设置如图 7-210 所示的画面。

② 设置背景色为浅灰色 RGB(220,220,220)，执行【Ctrl+Delete】组合键用背景色填充背景层。

③ 设置前景色为灰色 RGB(110，110，110)，选择【工具面板】中的【横排文字工具】**T**，字符面板属性设置如图 7-211 所示，输入如图 7-212 所示的文字内容。

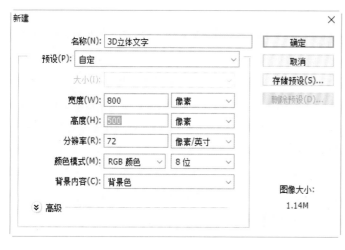

图 7-210　新建对话框

图 7-211　字符面板属性设置

④ 执行【Ctrl+T】组合键，适当斜切变换文字层，变换效果如图 7-213 所示。

⑤ 执行【Ctrl+J】组合键，复制"PS"文字层生成"PS 副本"文字层。在"PS 副本"文字层上单击鼠标右键，在弹出的快捷菜单中选择"转换形状"选项，将"PS 副本"文字层转换为"形状图层"。

⑥ 选择【工具面板】中的【直接选择工具】**▶**，设置填充为无，描边 8 点，颜色白色，对齐方式为居中，"PS 副本"形状层调整效果如图 7-214 所示。

图 7-212　文字输入效果

图 7-213　文字层斜切变换效果

图 7-214　"PS 副本"形状层调整效果

⑦ 隐藏"PS"文字层，在"PS 副本"层上单击鼠标右键，在弹出的快捷菜单中选择"栅格化图层"命令，使"PS 副本"层转换为普通图层。

⑧ 执行【3D】菜单—【从所选图层新建 3D 凸出】命令，将"PS 副本"层转化为 3D 效果，效果如图 7-215 所示。

⑨ 单击如图 7-216 所示的"3D"面板中的"滤镜：网格"按钮，在如图 7-217 所示的【网格】属性面板中设置【形状预设】为【斜面】，【凸出深度】为 50。在如图 7-218 所示的【盖子】属性面板中设置【等高线】为【滚动斜坡-递减】，设置效果如图 7-219 所示。

⑩ 执行【Alt+Ctrl+Shift+N】组合键，新建图层 1，执行【Ctrl+Delete】组合键，用背景色填充图层 1，在如图 7-220 所示的 3D 面板中单击"创建"按钮，在"图层 1"上创建 3D 明信片作为立体字的背景墙。

图 7-215　3D 文字调整效果

图 7-216　"3D"面板

图 7-217　"网格"属性设置

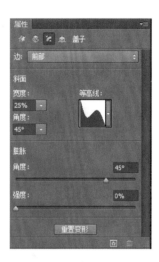

图 7-218　"盖子"属性设置

图 7-219　3D 文字属性调整效果

⑪ 同时选择"图层 1"和"PS 副本"层两个 3D 图层，执行【3D】菜单—【合并 3D 图层】选项。此时就可以像在 3D 软件里一样，使用旋转或移动工具，就可以改变摄像机的位置，而不改变 3D 模型了，调整效果如图 7-221 所示。

图 7-220　3D 面板

图 7-221　3D 层合并效果

⑫ 选择 3D 面板中的图层 1，如图 7-222 所示，在如图 7-223 所示的属性面板中单击"漫射"纹理右侧的按钮，选择【编辑纹理】选项，在新打开的文件里，置入如图 7-224 所示的"石墙"素材图像。在【凹凸】属性里选择【载入纹理】也添加"石墙"素材图像，并将强度设置为 10%，使石墙材质具有凹凸的立体效果，效果如图 7-225 所示。

图 7-222　3D 面板图层 1 选择效果

图 7-223　属性面板漫射纹理编辑

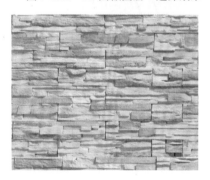

图 7-224　"石墙"素材图片

图 7-225　石墙背景编辑效果

⑬ 在"3D 面板"中选择"PS 副本"层的所有材质，选择效果如图 7-226 所示，单击属性面板漫射右侧的按钮，在弹出的下拉菜单中选择"移去纹理"选项，如图 7-227 所示，移去所有纹理。重新设置材质参数为，漫射颜色为金黄色 RGB(255,150,0)，镜像颜色为黄色RGB(250,250,0)，闪亮 80%，反射 25%，折射 2，如图 7-228 所示，效果如图 7-229 所示。

图 7-226 材质选择效果

图 7-227 移动纹理属性设置

图 7-228 材质参数重新设置值

图 7-229 材质参数重新设置效果

⑭ 调整【无限光】入射角度，设置阴影柔和度 30%，无限光参数调整及调整效果如图7-230 所示。

⑮ 执行【3D】菜单—【渲染】命令，这可能需要花点时间，渲染完毕后，保存为 PSD文件。完成效果如图 7-231 所示。

图 7-230　无限光参数调整及调整效果

图 7-231　渲染输出效果

### ◇ 项目总结和评价

　　用户通过本项目的学习，能够使用户对"特效字体"的制作与设计有了一个基本的认识，能够巩固加深前面所学知识的综合运用，掌握"通道"的使用方法和技巧、掌握部分滤镜的使用方法和技巧，能够掌握 3D 对象的调整方法和技巧。希望用户在熟练制作本项目内容的基础上，能够举一反三，为将来在实际工作中的制作与设计打下坚实的基础。

## 思考与练习

**1．简答题**

（1）Alpha 通道的主要功能是什么？

（2）如何编辑 3D 对象？

**2．操作题**

（1）将自己的姓名设置成特效字体。

（2）将自己的姓名制作成 3D 对象效果。

项目 8

# 网页效果图制作

### 项目目标

通过本项目的学习和实施，需要理解、掌握和熟练下列知识点和技能点：

综合运用 Photoshop 的各种工具和功能；

了解网页效果图制作的基本思路和流程；

了解和掌握裁剪工具组的使用及在 Photoshop 中制作简单动画。

### 项目描述

在互联网时代，网站是其必不可少的元素之一。我们每天在互联网上都能看到大大小小、各种各样的网站，网站为我们的生活和工作提供了更多的方便。而网页就是组成网站最基本、也是最直观的元素，我们在可以连接到互联网的电子设备上看到的"网站"其实就是网页。网页是构成网站的基本元素，是承载各种网站应用的平台。通俗地说，网站就是由网页组成的。下面我们就来学习一下如何用 Photoshop 来制作一个网页的效果图。

## 任务 1　网页效果图的制作

### ◇ 先睹为快

本任务效果如图 8-1 所示。

### ◇ 任务实现

在正式制作页面之前，经过与客户的沟通，我们应该在脑海里有一个对于要做的网页设计的雏形，大概确定网页的框架，如网页的导航栏、内容展示区和网页底部的版权信息等，再细致的划分后会有一些特殊的功能，如搜索功能，评价功能、标志、表单、列表、注册等，根据这些想象中的内容我们要能够描绘出网页的原始框架图。在这个原始框架图的基础上再对每一个功能区域进行美化。下面我们就来看看具体的制作步骤。以下以某企业的网站页面为例。

① 根据客户的要求，绘制出网页的大体框架，具体如图 8-2 所示。

图 8-1　网页效果图

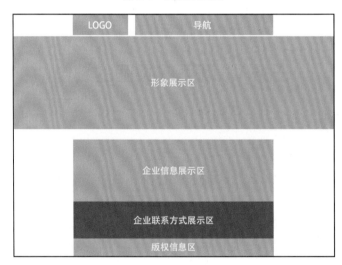

图 8-2　网页大体框架图

　　② 与网站后台工程师沟通后，我们将网页的尺寸设置为宽度 1600 像素、高度 1170 像素、分辨率 72 像素/英寸，如图 8-3 所示。

　　③ 因为网页是以像素为单位的，所以我们把 Photoshop 中标尺的单位由默认的【厘米】设置成【像素】，在【编辑】菜单中选择【首选项】，然后点击【首选项】子菜单中【单位与标尺】，将标尺的单位改成【像素】，最后点击【确定】。如图 8-4 和图 8-5 所示。

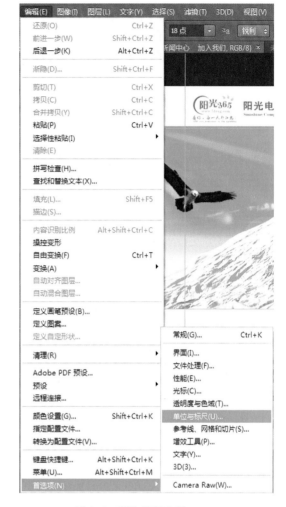

图 8-4　更改标尺路径

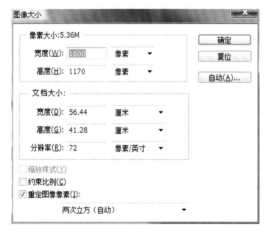

图 8-3　网页尺寸

图 8-5　更改标尺单位

④ 接下来我们制作网页的头部。按照之前设计的框架图，头部的宽度为 1000 像素，高度为 100 像素。网页一般都是居中显示，所以我们在网页的左右两边各留 300 像素的留白区域，我们先用参考线划分出区域，按快捷键【Alt+V+E】新建这几条参考线，参数如图 8-6 所示。

图 8-6  新建参考线

⑤ 导入客户给提供的 LOGO 图片，调整好大小和位置，然后用文字工具输入导航栏的文字，制作好网页头部的效果如图 8-7 所示。

图 8-7  制作好网页头部的效果

⑥ 在设计好的网页效果图中，"头部"的下面有一个蓝色的部分（如图 8-8 所示），这部分的高度是 5 像素，新建一条参考线，方法同上，【取向】为【水平】、【位置】为【105 像素】（从页面的顶端计算高度值，减去头部的 100 像素就是蓝色部分的高度），效果如图 8-9 所示。

⑦ 用选框工具在这两条参考线内做一个选区（宽 1600 像素，高 5 像素），然后在选区内填充蓝色（R：0 G：180 B：255），填充后效果如图 8-10 所示。

图 8-8　蓝色部分

图 8-9　图中两条参考线

图 8-10　填充蓝色后效果

⑧ 接下来是网页中视觉效果最突出的图片轮播部分（企业形象展示区），这部分轮播的图片需要按客户的要求制作，对于图片的设计和制作这里不做详细介绍，我们把设计好的图片直接拿过来用就可以了。我们还是新建一条参考线，方法同上，【位置】为【605 像素】。在素材中找到图片，然后导入到正在制作的网页中，放在新建的参考线和上一条参考线中间的位置。完成效果如图 8-11 所示。

图 8-11　导入轮播图片后的完成效果

⑨ 按照我们之前设计的框架图，下面是网页的文字信息部分（企业信息展示区）。这部分制作比较简单，主要用到文字工具、选框工具和填充工具。新建一条参考线，方法同上，这部分的高度是 300 像素，所以【位置】为【905 像素】。我们先看【中心介绍】部分，按照效果图，用文字工具将文字打好放在合适的位置。"中心介绍"文字下面的灰色线，用选框工具划好选区，填充上灰色（R：205 G：205 B：205），放在效果图中的位置。将"了解更多"的素材导入并放在图中的位置。用同样的方法将【新闻动态】部分也制作上（其中文字行间的虚线可以用英文状态下的"句号"来制作）。【产品类别】中的文字和灰色线按上面的方法做好，下面的三张图片在素材中找到，然后导入到网页效果图中合适的位置。这样，文字信息部分我们也制作完成了。制作好的效果如图 8-12 所示。

图 8-12 文字信息部分制作完成后的效果

⑩ 下面是企业联系方式展示区部分的制作，这部分的宽度是 1600 像素、高度是 180 像素，所以我们新建一条水平方向参考线的【位置】应设置为【1085 像素】。在新建参考线与上一条参考线之间建立一个矩形选区，在选区内填充蓝色（R：0　G：165　B：225）。然后将素材导入到网页效果图中，摆放到合适的位置，并打上相应的文字。这部分制作完成的效果如图 8-13 所示。

⑪ 最后一部分是版权信息示区，我们在这部分选区内填充上蓝色（R：0　G：145　B：198）。导入素材并且输入相应的文字即可。最终完成的效果图如图 8-14 所示。

⑫ 将文件保存一份 PSD 文件，将文件命名为"阳光电脑服务中心网页效果图"；再将文件保存一份 JPG 文件，同样将文件命名为"阳光电脑服务中心网页效果图"。

至此，这个网页效果我们就制作完成了。

图 8-13　企业联系方式区域制作完成后的效果

图 8-14　网页制作完成的最终效果图

# 任务 2　将网页效果图制成网页切片

## ◇ 先睹为快

本任务效果如图 8-15、图 8-16 所示。

图 8-15　网页在切片划分

图 8-16　切片生成后的文件状态

## ◇ 技能要点

Photoshop 中切片工具的使用

## ◇ 知识与技能详解

### 1. 切片工具

切片工具是用来分解图片的，用这个工具可以把图片切成若干小图片。这个工具在网页设计中运用比较广泛，可以把做好的页面效果图，按照自己的需求切成小块，并可直接输出网页格式。

### 2. 切片工具快捷键

切片工具的快捷键是【C】。

 提示

如果当前使用的工具为裁剪工具组里除切片以外的任何工具时，如需切换为切片工具，此时的快捷键为【Shift + C】，直至切换到切片工具。

### 3. 切片工具的使用

选择 Photoshop CS6 工具箱中"切片工具" 或按快捷键【C】，根据需要在图像上按住鼠标左键，拖动出合适大小的选区，把图像切割成数块小图像。

### 4. 切片工具的属性（见图 8-17）

图 8-17　切片工具属性栏

① 选择切片工具的样式。

正常：按鼠标左键随意在图像上切割。

固定长宽比：按设定好的比例（在右侧"宽度"、"高度"后面的方框内输入数值）在图像上进行切割。

固定大小：按设定好的像素大小（在右侧"宽度"、"高度"后面的方框内输入数值）在图像上进行切割。

② 基于参考线的切片：如果图像中有参考线，点击此按钮 Photoshop 就会将参考线作为切片的临界线对图像进行切割。

### 5. 切片的保存

在【文件】菜单栏中选择【存储为 Web 所用格式】；在弹出的对话框中，设置好参数，单击【储存】按钮；在弹出的存储对话框，设置好各个选项，点击【保存】按钮；最后 Photoshop 将生成一个"HTML"网页文件和一个用于存放切片文件的文件夹。

## ◇ 任务实现

首先我们来了解一下，为什么要用切片工具把一个网页切割成若干个小图片。通常我们在浏览网页时，如果网页中图片很大，那么它加载时需要的时间就会很长，尤其是当网速比较慢的时候。因此需要通过压缩文件的大小来缩短网页加载的时间。在压缩图片大小时，一般从以下方面来考虑：一是实际文件的大小；二是分辨率；三是压缩。在不损害图像质量的情况下，想要解决这个问题就是把大图片分割成若干个小图片，然后将这些小图片作为一个单独的文件保存，或者保存为 Web 所用格式。在网页中使用时，图像通过使用 HTML 或 CSS 在浏览器中重新组合以达到流畅显示的效果。（由于技术的更新，现代网站的制作方式多由 HTML5 代码生成，用 Photoshop 切割图片的方式已不多用，此章节的任务主要是将网页效果图以直观的方式给客户预览，后期网站制作时，后台工程师会采用其他方式制作）

① 根据图 8-18 中区域的划分，将网页切割。在工具箱中选择裁切工具或按快捷键【C】，将鼠标从画面上左上角开始切割，直至将整个画面切割完成，共 22 个小切片（切割时注意两个切片之间不要留空隙，两个切片的边线要重叠，否则两个切片中间会产生第三个切片）。

图 8-18  切片区域划分

② 切割完成后，选择【文件】菜单中【存储为 Web 所用格式】或按快捷键【Ctrl+Shift+Alt+S】，在弹出的页面中保持默认，按【存储】按钮。如图 8-19 所示。

③ 在弹出的【将优化结果存储为】窗口中，选择好文件的存放位置，将【文件名】命名为"网页"，【格式】选择【HTML 和图像】，其他保持默认，最后按【保存】按钮。如图 8-20 所示。

图 8-19　【存储为 Web 所用格式】窗口

图 8-20　【将优化结果存储为】窗口

④ 文件存储完成后，在存放位置生成的文件如图 8-21 所示。

图 8-21　生成文件状态

# 任务 3　轮播图片的制作

## ◇ 先睹为快

本任务效果是动态图片，因此无法在书中体现，请大家参见书中素材的电子文件。

## ◇ 技能要点

Photoshop 中动画控制面板的使用

## ◇ 知识与技能详解

动画是指显示介质在单位时间内显示一系列的图像或帧，在 Photoshop 中我们可以使用【时间轴】动画控制面板并利用【图层】控制面板来创建动画帧，从而制作出 GIF 格式的动画效果。在 Photoshop 中可制作的动画模式有两种：一种是帧动画，另一种是时间轴动画。这里我们重点介绍帧动画的制作。

### 1.【时间轴】动画控制面板

在 Photoshop CS6 的【窗口】菜单栏中选择【时间轴】，即可打开【时间轴】动画控制面板，默认情况下在面板中显示的为【时间轴】动画控制面板，用于设置时间轴动画效果。单击面板左下方的"转换为帧动画"按钮，即可切换到【帧】动画控制面板，用于设置帧动画，如图 8-22 所示。

### 2.【帧】动画控制面板

帧动画是由一帧一帧的画面组合而成的动态图像，我们利用 Photoshop 中【帧】动画控制面板，并结合【图层】控制面板，可创建简单的帧动画效果。如图 8-23 所示。

当前帧：当前选择的帧。

帧延迟时间：设置帧在动画中显示停留的时间。

转换为视频时间轴：切换至【时间轴】动画控制面板。

转换为【帧】动画控制面板

图 8-22 【时间轴】动画控制面板

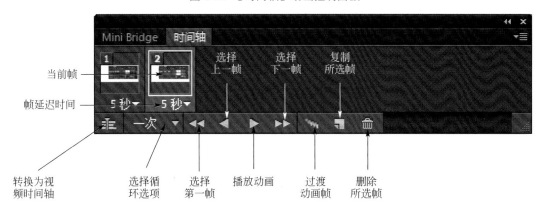

图 8-23 【帧】动画控制面板

选择循环选项：设置动画播放次数。

选择第一帧：自动选择帧序列中的第一个帧作为当前帧。

选择上一帧：选择当前帧的前一帧。

播放动画：在窗口中播放当前所制作的动画，再次单击可停止播放。

选择下一帧：选择当前帧的后一帧。

过渡动画帧：在两个帧之间添加一系列过渡帧，并让新帧之间的图层属性均匀变化。

复制所选帧：在面板中添加与当前帧一样的帧。

删除所选帧：删除当前所选择的帧。

## ✧ 任务实现

① 打开"banner 分层"文件素材，里面有三个不同的图层，我们要做的动态图就是将这三张图片自动播放，以达到类似网站中我们看到的轮播图片效果。如图 8-24 所示。

② 在【窗口】菜单中选择【时间轴】，打开【时间轴】动画控制面板，点击【创建视频时间轴】后面的下拉箭头，选择【创建帧动画】，将创建按钮变成【创建帧动画】，然后点击该按钮。如图 8-25 所示。

图 8-24 "banner 分层"文件素材

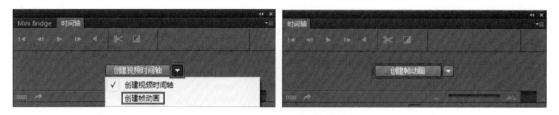

图 8-25 帧动画控制面板

③ 在打开的面板中单击面板底部的【复制所选帧】按钮，复制两个动画帧，如图 8-26 所示。

图 8-26 复制三个动画帧

④ 选择面板中第一个帧，然后在【图层】面板中隐藏"图层 2"和"图层 3"，将帧的延迟时间改为【2 秒】，如图 8-27 所示。

图 8-27 选择第一帧 隐藏"图层 2"和"图层 3"

⑤ 选择面板中第二个帧，然后在【图层】面板中隐藏"图层 1"和"图层 3"，将帧的

延迟时间改为【2 秒】，如图 8-28 所示。

图 8-28　选择第二帧 隐藏"图层 1"和"图层 3"

⑥ 选择面板中第三个帧，然后在【图层】面板中隐藏"图层 1"和"图层 2"，将帧的延迟时间改为【2 秒】，如图 8-29 所示。

图 8-29　选择第三帧 隐藏"图层 1"和"图层 2"

⑦ 选择第一帧，点击面板下方【过渡动画帧】按钮，在弹出的窗口中按图 8-30 所示设定参数。这样在两帧之间增加一个过渡效果，选择第二帧到第六帧，将延迟时间改为 0.1 秒。如图 8-31 所示。

图 8-30　过渡帧参数　　　　　　　图 8-31　增加两帧之间的过渡效果（一）

⑧ 选择第七帧，按上述方法增加过渡帧。将第八帧到第十二帧的延迟时间改为 0.1 秒。如图 8-32 所示。

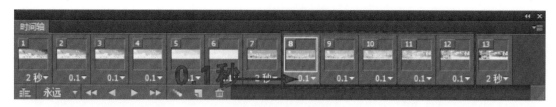

图 8-32　增加两帧之间的过渡效果（二）

⑨ 选择第十三帧，在过渡帧的窗口设置中【过渡方式】选择【第一帧】，如图 8-33 所示。将第十四帧到第十八帧的延迟时间改为 0.1 秒。如图 8-34 所示。

图 8-33　第十三帧设置过渡参数　　　　　图 8-34　增加第十三帧到第一帧的过渡帧

⑩ 选择【文件】菜单中【存储为 Web 所用格式】或按快捷键【Ctrl+Shift+Alt+S】，在弹出的页面中保持默认，按【存储】按钮。如图 8-35 所示。

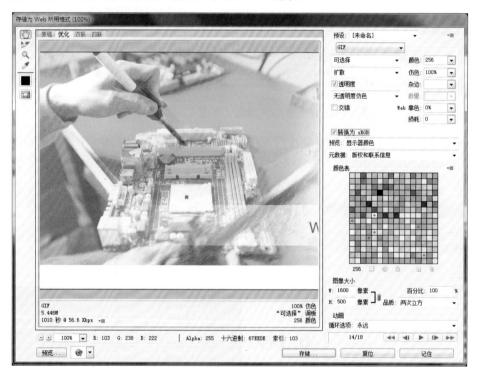

图 8-35　【存储为 Web 所用格式】窗口

⑪ 在弹出的【将优化结果存储为】窗口中，选择我们存放网页切片图片的文件夹，将【文件名】命名为"网页_06"，【格式】选择【仅限图像】，其他保持默认，最后按【保存】按

钮。如图 8-36 所示。

图 8-36 【将优化结果存储为】窗口

⑫ 最后，打开存储网页切片时生成的"网页.html"文件，这时我们就可以看到一个有动态轮播图效果的网页了。将这个网页文件存储有切片文件的文件夹一同拷贝给客户，客户就可以直观地预览网页效果了（由于生成的 GIF 动画只有 256 种颜色，所以画质不如真实网页效果好，这点需要跟客户解释清楚）。

### ✧ 项目总结和评价

我们用了三个任务将网页效果图制作好了。通过本项目的学习，学生对 Photoshop 软件有了综合的使用能力，对于各工具间的协同操作有了新的认识，以及了解了网页设计的大体流程和效果图的制作方式。

## 思考与练习

**1．思考题**
（1）在哪些情况下使用裁切工具较多？
（2）在制作简单动画时有几种方式？
**2．操作练习**
自己设计一个简单网页并制作出效果图。

# 参 考 文 献

[1] 梁丽红. Photoshop CS4 中文版案例教程. 北京：中国铁道出版社，2011.

[2] 吴建平. Photoshop CS5 图形图像处理任务驱动式教程(2). 北京：机械工业出版社，2016.

[3] 传智播客高教产品研发部. Photoshop CS6 图像设计案例教程(2). 北京：中国铁道出版社，2016.

[4] 传智播客高教产品研发部. Photoshop CS6 图像处理案例教程. 北京：中国铁道出版社，2016.

[5] 肖文显. Photoshop CS4 图形图像处理. 长沙：国防科技大学出版社，2012.

[6] 王兵. 图形图像处理案例教程 Photoshop CS6.北京：中国铁道出版社，2015.

[7] 张凡. Photoshop CS6 中文版应用教程.第三版. 北京：中国铁道出版社，2013.

[8] 李涛. Photoshop CS5 中文版案例教程. 北京：高等教育出版社，2015.

[9] 许梦阳. Photoshop 平面设计实用教程. 北京：清华大学出版社，2014.

[10] 朱伟华. Photoshop 平面设计教程. 北京：清华大学出版社，2013.

[11] 张峰. 图形图像处理 Photoshop CS 教程. 北京：水利水电出版社，2013.

[12] 尤凤英. Photoshop 平面设计. 北京：清华大学出版社，2013.

[13] 高晓燕. Photoshop 图像处理案例教程. 北京：清华大学出版社，2014.

[14] 陈桂珍. 中文版 Photoshop CS6 平面设计案例教程. 北京：中国电力出版社，2014.

[15] 崔树娟. 中文版 Photoshop CS5 工作过程导向标准教程. 西安：西安电子科技大学出版社，2013.

[16] 马宗禹. Adobe Photoshop CS6 设计基础实务教程. 北京：水利水电出版社，2015.

[17] 朱宏. Photoshop CC 平面设计应用教程. 第 3 版. 北京：人民邮电出版社，2015.

[18] 刘翀. Photoshop CS6 图形图像处理. 广州：华南理工大学出版社，2014.

[19] 刘本军. Photoshop CS4 图像处理案例教程. 北京：机械工业出版社，2012.

[20] 张小志. 中文版 Photoshop 设计与制作项目教程. 第 2 版. 北京：中国人民大学出版社，2015.